面向新型电力系统的智能化调度体系发展导论

MIANXIANG XINXING DIANLI XITONG DE ZHINENGHUA DIAODU TIXI FAZHAN DAOLUN

张 勇 杨再敏 等 编著

· 北京 ·

图书在版编目（CIP）数据

面向新型电力系统的智能化调度体系发展导论 / 张勇等编著. -- 北京 : 中国水利水电出版社, 2022.12
ISBN 978-7-5226-1260-7

Ⅰ. ①面… Ⅱ. ①张… Ⅲ. ①智能技术－应用－电力系统调度－研究 Ⅳ. ①TM73-39

中国国家版本馆CIP数据核字(2023)第015391号

书　　名	面向新型电力系统的智能化调度体系发展导论 MIANXIANG XINXING DIANLI XITONG DE ZHINENGHUA DIAODU TIXI FAZHAN DAOLUN
作　　者	张　勇　杨再敏　等　编著
出版发行	中国水利水电出版社 （北京市海淀区玉渊潭南路1号D座　100038） 网址：www.waterpub.com.cn E-mail：sales@mwr.gov.cn 电话：（010）68545888（营销中心）
经　　售	北京科水图书销售有限公司 电话：（010）68545874、63202643 全国各地新华书店和相关出版物销售网点
排　　版	中国水利水电出版社微机排版中心
印　　刷	河北鑫彩博图印刷有限公司
规　　格	145mm×210mm　32开本　5.375印张　76千字
版　　次	2022年12月第1版　2022年12月第1次印刷
印　　数	0001—1500册
定　　价	**88.00**元

本书编委会

主　编： 张　勇　杨再敏

副主编： 范展滔　王　科

参　编： 黎立丰　颜　融　饶　志　肖　亮　黎嘉明

孙雁斌　方必武　蒙文川　李　爽　孙思扬

前言

PREFACE

深化电力体制改革，构建以新能源为主体的新型电力系统，是党中央基于保障国家能源安全、实现可持续发展、推动碳达峰碳中和目标实施作出的重大决策部署。随着新能源开发建设持续推进，新能源高比例发展在充分消纳、稳定供电、安全运行、地域匹配、科学调度等方面面临的挑战也逐渐凸显。

当前调度系统建立在信息可预测、可控制的基础上，随着风力发电和太阳能发电快速发展，调度系统需要处理的电源规模、元件数量、分布范围、各种时间尺度的不确定信息呈指数级增长；新型储能、车网互动（V2G）、源网荷储一体化等新模式将使电力供需从单向流动转为双向互动，现有调度体系难以满足未来发展需求。发展智能化调度体系不仅是充分发挥大电网资源配置作用和消纳新能源的基础，也是新型电力系统安全稳定运行的重要保障。

本书分析了新型电力系统建设背景下电力调度系统所面临的挑战，探讨了新型电力系统构建背景下调度系统智能化发展方向；介绍了智能化调度体系发展背景，分析了我国特别是南方五省（自治区）新能源调度管理情况及面临的挑战风险；通过调研典型地区电网新能源调控管理体系，在总结国内外先进经验和做法的基础上，为南方电网相关建设工作提供了借鉴和启示；基于新型电力系统的整体特征归纳总结了智能化调度系统的特征，提出了智能化调度系统建设的顶层设计、总体架构和实施路径。

本书旨在探索以新能源为主体的电力系统智能化调度的发展方向，更好接入和消纳新能源电力，助力新型电力系统构建。

本书编撰过程中得到了中国南方电网有限责任公司（以下简称“南方电网公司”）管理创新课题“面向新型电力系统的智能化调度系统主要特征和

重点任务研究”和南方电网公司软课题“大型新能源发电基地建设运行交易和电网企业参与机制及策略研究”“能源供需新形势下公司推进新能源与传统能源科学发展的策略研究”的资助；中国南方电网电力调度控制中心、中国南方电网有限责任公司战略规划部等单位和部门专家的悉心指导，在此一并表示最诚挚的谢意！

鉴于作者水平，本书难免存在疏漏及不足之处，敬请广大读者批评指正！

作者

2022 年 12 月

CONTENTS

第 1 章

智能化调度体系发展背景

1.1 国际能源革命的行动计划

1. 能源革命背景

自 1992 年联合国大会通过《联合国气候变化框架公约》起，努力向绿色可持续增长方式转型，尽快实现全球温室气体排放达到峰值，已逐步成为世界各国共识。

2020 年 9 月 22 日，中国国家主席习近平在第七十五届联合国大会一般性辩论上发表重要讲话："中国将提高国家自主贡献力度，采取更加有力的政策和措施，二氧化碳排放力争于 2030 年前达到峰值，努力争取 2060 年前实现碳中和"。

截至目前，已有近 140 个国家和地区承诺实现碳中和，并根据自身国情，明确了实现碳达峰、碳中和的期限。世界主要国家 / 地区碳中和时间见表 1.1。

表 1.1　世界主要国家 / 地区碳中和时间表

国家 / 地区	实现碳中和时间	承诺及能源领域相关举措
奥地利	2040 年	在 2040 年实现气候中立，在 2030 年实现 100% 清洁电力，并以约束性碳排放目标为基础
美国加利福尼亚州	2045 年	2018 年 9 月签署了碳中和令，在“将不迟于 2045 年实现碳中和目标”纳入法律
加拿大	2050 年	加拿大政府强化力度应对气候变化若干新行动计划中包括：加拿大将在主要产油国中率先对石油和天然气行业的污染设限封顶，并到 2050 年减少至净零排放
智利	2050 年	已经确定在 2024 年前关闭 28 座燃煤电厂中的 8 座，并在 2040 年前逐步淘汰煤电
丹麦	2050 年	制定到 2050 年建立“气候中性社会”的计划：2030 年起禁止销售新的汽油和柴油汽车，并支持电动汽车

续表

国家 / 地区	实现碳中和时间	承诺及能源领域相关举措
欧盟	2050 年	根据 2019 年 12 月公布的“欧洲绿色协议”，欧盟委员会正在努力实现整个欧盟 2050 年净零排放目标，该长期战略于 2020 年 3 月提交联合国
芬兰	2035 年	将要求限制工业伐木，并逐步停止燃烧泥炭发电
法国	2050 年	法国国民议会于 2019 年 6 月 27 日投票将净零目标纳入法律
德国	2050 年	德国将在 2050 年前“追求”温室气体中立
匈牙利	2050 年	匈牙利在 2020 年 6 月通过的气候法中承诺到 2050 年气候中和
冰岛	2040 年	冰岛已经从地热和水力发电获得了几乎无碳的电力和供暖，战略重点是逐步淘汰运输业的化石燃料、植树和恢复湿地
爱尔兰	2050 年	在 2020 年 6 月，在法律上设定 2050 年的净零排放目标，在未来 10 年内每年减排 7%

续表

国家 / 地区	实现碳中和时间	承诺及能源领域相关举措
日本	21 世纪后半叶尽早的时间	日本政府于 2019 年 6 月在主办 20 国集团领导人峰会之前批准了一项气候战略，主要研究碳的捕获、利用和储存，以及作为清洁燃料来源的氢的开发
挪威	2050 年 / 2030 年	挪威努力在 2030 年通过国际抵消实现碳中和；2050 年在国内实现碳中和
葡萄牙	2050 年	葡萄牙于 2018 年 12 月发布了一份实现净零排放的路线图，概述了能源、运输、废弃物、农业和森林的战略
新加坡	21 世纪后半叶尽早实现	计划在 2040 年前逐步淘汰汽油车和柴油车，并加大对电动汽车的支持
韩国	2050 年	在 2050 年前使经济脱碳，并结束煤炭融资
西班牙	2050 年	自 2020 年起禁止新的煤炭、石油和天然气勘探许可证
瑞典	2045 年	2017 年制定了净零排放目标，至少 85% 的减排要通过国内政策来实现，其余由国际减排来弥补

续表

国家 / 地区	实现碳中和时间	承诺及能源领域相关举措
瑞士	2050 年	瑞士联邦委员会于 2019 年 8 月 28 日宣布，计划在 2050 年前实现碳净零排放

通过调整优化能源结构，削减甚至淘汰煤炭和石油的使用，增加碳排放强度较低的天然气能源；同时，大力发展新能源、水电、核电等，并最终实现以清洁能源为主导的能源体系等措施，这是目前实现碳达峰、碳中和目标的基本路线。

2. 主要国家能源革命举措

在碳减排约束下，世界各国特别是发达国家均制定自身能源转型战略，并出台了相关具体措施。

《2009 年美国复苏与再投资法案》的颁布明确了通过税收抵免、贷款优惠等方式，重点鼓励私人投资风力发电。2019 年，风能已成为美国排名第一的可再生能源。

2017 年，英国和加拿大共同成立“弃用煤炭发电联盟”，旨在逐步减少燃煤发电量，倡议政府和企业出台政策支持清洁能源的发展。截至 2020 年 8 月，该联盟的成员数量已由成立时的 20 个国家和地区增加到 104 个。

德国作为欧洲可再生能源发展规模最大的国家，2019 年颁布了《气候行动法》和《气候行动计划 2030》，明确提出可再生能源发电量占总用电量的比重将逐年上升，该比重将在 2050 年达到 80% 以上。

2020 年 7 月，欧盟发布了氢能战略，推进氢技术开发。

2020 年 4 月，瑞典关闭了国内最后一座燃煤电厂。

丹麦停止发放新的石油和天然气勘探许可证，并将在 2050 年前停止化石燃料生产。

从世界发展趋势看，大力发展新能源和可再生能源已成为全球能源革命和应对气候变化的主导方向和一致行动。

1.2 构建新型电力系统重大战略

1. 新型电力系统相关政策

2021 年 3 月 15 日，中共中央总书记、国家主席、中央军委主席、中央财经委员会主任习近平主持召开中央财经委员会第九次会议。会议提出要构建清洁低碳安全高效的能源体系，控制化石能源总量，着力提高利用效能，实施可再生能源替代行动，深化电力体制改革，构建以新能源为主体的新型电力系统。

在此背景下，国家发展和改革委员会（以下简称“国家发展改革委”）、国家能源局出台了一系列政策文件，支撑、指导新型电力系统构建。助力新型电力系统建设部分重要政策文件见表 1.2。

表 1.2 助力新型电力系统建设部分重要政策文件

发布时间	政策文件	颁布机构	要　　点
2021 年 7 月	《国家发展改革委 国家能源局关于加快推动新型储能发展的指导意见》（发改能源规〔2021〕1051 号）	国家发展改革委	（1）储能规模：2025 年装机规模达 3000 万 kW 以上。 （2）多元发展：健全“新能源 + 储能”项目激励机制。 （3）市场机制：加快推动储能进入并允许同时参与各类电力市场。 （4）调度运行：积极优化调度运行机制，研究制定各类型储能设施调度运行规程和调用标准
2021 年 6 月	《国家发展改革委关于 2021 年新能源上网电价政策有关事项的通知》（发改价格〔2021〕833 号）	国家发展改革委	新能源电力价值：2021 年起新建项目可自愿通过参与市场化交易形成上网电价，以更好体现光伏发电、风电的绿色电力价值

续表

发布时间	政策文件	颁布机构	要点
2021年2月	《国家发展改革委 国家能源局关于推进电力源网荷储一体化和多能互补发展的指导意见》（发改能源规〔2021〕280号）	国家发展改革委	（1）区域（省）级源网荷储一体化：研究建立源网荷储灵活高效互动的电力运行与市场体系。 （2）充分发挥负荷侧调节能力：依托“云大物移智链”等技术，进一步加强源网荷储多向互动。 （3）风光储一体化：对于增量风光储一体化，优化配套储能规模，充分发挥配套储能调峰、调频作用
2021年5月	《国家能源局关于2021年风电、光伏发电开发建设有关事项的通知》（国能发新能〔2021〕25号）	国家能源局	简化新能源并网流程：电网企业要简化接网流程、方便接网手续办理，推广新能源云平台，实现全国全覆盖，服务新能源为主体的新型电力系统

续表

发布时间	政策文件	颁布机构	要点
2021年5月	《国家发展改革委办公厅 国家能源局综合司关于做好新能源配套送出工程投资建设有关事项的通知》（发改办运行〔2021〕445号）	国家发展改革委办公厅国家能源局综合司	（1）调度运行模式不变：允许新能源配套送出工程由发电企业建设。 （2）简化核准备案手续：科学规划，加强监管，缓解新能源快速发展并网压力
2021年7月	工业和信息化部关于印发《新型数据中心发展三年行动计划（2021—2023年）的通知》（工信部通信〔2021〕76号）	工业和信息化部	（1）推动新型数据中心高效利用清洁能源：鼓励企业探索建设分布式光伏发电、燃气分布式供能等配套系统，引导新型数据中心向新能源发电侧建设，就地消纳新能源。 （2）完善新型数据中心安全监测体系：强化大型数据中心安全协同，构建边缘流量和云侧联动的安全威胁分析能力。强化数据资源管理，加强数据中心承载数据全生命周期安全管理机制建设。

续表

发布时间	政策文件	颁布机构	要点
2021年7月	工业和信息化部关于印发《新型数据中心发展三年行动计划（2021—2023年）的通知》（工信部通信〔2021〕76号）	工业和信息化部	（3）推动公共算力泛在应用：推进新型数据中心满足政务服务和民生需求，提升算力服务调度能力
2021年5月	《全国一体化大数据中心协同创新体系算力枢纽实施方案》（发改高技〔2021〕709号）	国家发展改革委、中央网信办、工业和信息化部、国家能源局	加强能源供给保障：推动数据中心充分利用风能、太阳能、潮汐能、生物质能等可再生能源。支持数据中心集群配套可再生能源电站
2021年5月	《关于进一步提升充换电基础设施服务保障能力的实施意见》（征求意见稿）	国家发展改革委	（1）完善交易与调度：探索新能源汽车参与电力现货市场的实施路径，研究完善新能源汽车消费和储放绿色电力的交易和调度机制。

续表

发布时间	政策文件	颁布机构	要　点
2021 年 5 月	《关于进一步提升充换电基础设施服务保障能力的实施意见》(征求意见稿)	国家发展改革委	(2)推广智能有序充电：抓好充电设施峰谷电价政策落实。 (3)加强配套电网建设：电网企业要做好电网规划与充换电设施规划的衔接
2021 年 8 月	《关于鼓励可再生能源发电企业自建或购买调峰能力增加并网规模的通知》(发改运行〔2021〕1138 号)	国家发展改革委、国家能源局	引导市场主体多渠道增加可再生能源并网规模：多渠道增加可再生能源并网消纳能力、鼓励发电企业自建储能或调峰能力增加并网规模、允许发电企业购买储能或调峰能力增加并网规模、鼓励多渠道增加调峰资源
2021 年 11 月	《关于开展全国煤电机组改造升级的通知》(发改运行〔2021〕1519 号)	国家发展改革委、国家能源局	(1)加快实施煤电机组灵活性制造灵活性改造：新建机组全部实现灵活性制造，现役机组灵活性改造应改尽改。

续表

发布时间	政策文件	颁布机构	要点
2021年11月	《关于开展全国煤电机组改造升级的通知》（发改运行〔2021〕1519号）	国家发展改革委、国家能源局	（2）加强优化运行调度：建立机组发电量与能耗水平挂钩机制，促进供电煤耗低的煤电机组多发电。 （3）加快健全完善辅助服务市场机制：使参与灵活性改造制造的调峰机组获得相应收益
2021年11月	《关于印发第一批以沙漠、戈壁、荒漠地区为重点的大型风电光伏基地建设项目清单的通知》（发改办能源〔2021〕926号）	国家发展改革委办公厅、国家能源局综合司	加强并网消纳：结合落实“十四五”能源发展规划，各电网企业按月及时报告项目建设进展
2022年2月	《以沙漠、戈壁、荒漠地区为重点的大型风电光伏基地规划布局方案》	国家发展改革委、国家能源局	完善外送通道：统筹风电光伏基地、煤电配套电源、外送通道项目等一体协同推进，落实项目建设宏观选址等基本方案

续表

发布时间	政策文件	颁布机构	要　点
2022 年 3 月	《国家发展改革委 国家能源局关于完善能源绿色低碳转型体制机制和政策措施的意见》（发改能源〔2022〕206 号）	国家发展改革委、国家能源局	（1）加强电网建设：完善适应可再生能源局域深度利用和广域输送的电网体系，加强省际、区域间的电网互联互通，大力推进高比例容纳分布式新能源电力的智能配电网建设。 （2）探索多能互补：鼓励建设源网荷储一体化、多能互补的智能能源系统和微电网，探索建立区域综合能源服务机制。 （3）提升电力系统灵活性：全面实施煤电机组灵活性改造、因地制宜建设天然气“双调峰”电站、加快建设抽水蓄能电站、发挥太阳能热发电的调节作用、逐步扩大新型储能应用

我国正大力推动新能源发展建设，鼓励新能源与新型数据中心等新型产业协调发展，降低能

源消费碳排放，并以新型储能、煤电灵活性改造、完善辅助服务市场等方式作为支撑措施，全面提高电力系统新能源并网消纳能力。2022 年以来，党中央提出要立足我国能源资源禀赋，坚持先立后破、通盘谋划，传统能源逐步退出必须建立在新能源安全可靠的替代基础上；要加大力度规划建设以大型风光电基地为基础、以其周边清洁高效先进节能的煤电为支撑、以稳定安全可靠的特高压输变电线路为载体的新能源供给消纳体系等要求，为新型电力系统的建设指明了方向。

2. *南方五省（自治区）新能源规划发展*

综合考虑南方五省（自治区）“十四五”时期相关规划文件及调整计划，新能源新增装机规模 2.3 亿 kW。其中：水力发电新增装机规模 1634 万 kW，风力发电（陆上风电和海上风电）新增装机规模 6263 万 kW，光伏发电新增装机规模 14964 万 kW，生物质发电新增装机规模 391 万 kW。

广东新能源新增装机规模 6140 万 kW，广西新能源新增装机规模 4568 万 kW，云南新能源新增装机规模 8567 万 kW，贵州新能源新增装机规模 3161 万 kW，海南新能源新增装机规模 816 万 kW。南方五省（自治区）“十四五”时期新能源规划发展新增装机规模见表 1.3。

表 1.3　南方五省（自治区）“十四五”时期新能源规划发展新增装机规模

单位：万 kW

省（自治区）	水力发电	陆上风电	海上风电	光伏发电	生物质发电	合计
广东	240	300	1700	3700	200	6140
广西	110	1623	300	2435	100	4568
云南	1246	893	0	6428	0	8567
贵州	28	1147	0	1901	85	3161
海南	10	0	300	500	6	816
合计	1634	3963	2300	14964	391	23252

3. 中国南方电网有限责任公司相关举措

2021 年 5月 15 日，中国南方电网有限责任公司（以下简称“南方电网公司”）在广州发布《南方电网公司建设新型电力系统行动方案（2021—2030 年）白皮书》，并举行“数字电网推动构建新型电力系统专家研讨会”。书中指出，通过数字电网建设，到2025年，南方电网将具备新型电力系统“绿色高效、柔性开放、数字赋能”的基本特征，支撑南方五省（自治区）新能源装机规模新增1亿kW以上，非化石能源占比达到60%以上；到2030年，基本建成新型电力系统，支撑新能源装机规模再新增1亿kW以上，非化石能源占比达到65%以上。新能源总装机规模达到2.5亿kW以上，成为南方五省（自治区）第一大电源。

10月9日，南方电网公司联合华北电力大学、中国电力企业联合会标准化管理中心、中国循环经济协会碳中和工作委员会，共同发布《新型电力系统技术标准体系研究报告》，以标准化支撑新型电力系统建设。该报告对新型电力系统标准体系的架构进行了前瞻性分析，构建了行业首个新型电力系统技术标准体系，并提出了近期、中期、远期标准布局规划建议，为国家、行业及各公司未来一段时间技术标准规划与制定提供指导和参考。

面对“双碳”目标和构建新型电力系统的需要，中国南方电网电力调度中心坚持统筹电力发展和安全，聚焦提高新型电力系统的调节能力和电力供给保障能力，着力打造调度运行管控平台和现货市场运营平台，全力提升对新型电力系统的调度控制能力及市场运营能力。

1.3 电网调度新要求

1. 面向新对象

随着国家大力推动新型储能、新能源汽车的发展，需研究制定储能电站、新能源汽车、需求侧响应等新型调度对象的调度运行规则，明确调度关系归属、功能定位和运行方式，健全调度运行监管机制，提升利用效率，确保公平调度。

2. 建立新模式

随着分布式新能源、负荷侧可控资源的发展，“源随荷动”、主要依靠火电和水电机组满足调峰需求、集中式统一调度等传统调度模式已无法满足新型电力系统背景下电网安全稳定运行的需要，需要实现“源随荷动”向“源荷互动”转变、建立发电侧多能互补协同机制、探索集中式和分布式调度联合应用，构建适应新型电力系统的调度模式。

3. 适应新场景

在低比例新能源接入阶段，冬夏负荷差异较大，负荷的季节性变化主导系统运行状态。随着风光等新能源发电大规模接入，新能源的出力就会成为系统运行状态分布的主导因素。新型电力系统下，电网运行状态呈现分散化特征，电网调度运行需要考虑海量新场景。

4. 应用新技术

新型电力系统将呈现“双高”（“高比例可再生能源”和“高比例电力电子设备”）与“双随机”（“供给侧随机性和需求侧随机性”）特点，需要研究适应新型电力系统运行特性的控制技术，发展新能源发电预测技术，推广“云大物移智”等数字技术在能源电力系统各环节的应用，并制定电力电子装置并网要求等相关技术标准。

5. 对接新市场

构建新型电力系统背景下，电力市场产品类型也愈加丰富，调度系统需发展相适配的运行管理模式。此外，随着市场主体愈加多元化，发电计划由调度完全决定的运行模式已难以协调不同市场主体的利益诉求，应充分发挥市场在资源配置中的决定性作用，使得电力市场及调度运行实现有机协调。

第 2 章

新能源调度管理概况

当前，我国经济对能源的依赖程度高，能源消费以化石能源为主，2021 年化石能源占一次能源比重达 83.4%。碳达峰、碳中和目标下，我国能源结构将加速调整，清洁低碳发展特征愈加突出。

在此背景下，新能源将迎来跨越式发展的历史机遇，成为电能增量的主力军，实现从“补充能源”向“主体能源”的转变。预计到 2030 年，风电、光伏装机规模超 16 亿 kW，占比从 2020 年的 24% 增长至 47% 左右；新能源发电量约 3.5 万亿 kW·h，占比从 2020 年的 13% 提高至 30%。

2030 年以后，水电、核电等传统非化石能源受资源和站址约束，建设逐步放缓，新能源发展将进一步提速。预计到 2060 年，风电、光伏装机规模超 50 亿 kW，占比超 80%；新能源发电量将超 9.6 万亿 kW·h，占比超 60%，成为电力系统的重要支撑。

然而由于新能源具有典型的间歇性特征，出力随机波动性强。以电动汽车为代表的新型负荷尖峰化特征明显，最大负荷与平均负荷之比持续提升。发电侧随机性和负荷侧峰谷差加大将对传统电力系统造成较大的冲击，要实现构建以新能源为主体的新型电力系统愿景目标，作为保障电力系统安全稳定运行关键机构的电网调度系统需要应对电力系统的可靠容量不足、电力系统转动惯量以及长周期调节能力不足等一系列问题。

2.1 新能源进入快速发展阶段

2.1.1 南方五省（自治区）新能源开发建设现状

南方五省（自治区）新能源装机容量保持快速增长势头。

截至 2021 年底，新能源发电累计装机容量 7196 万 kW，同比增长 14.2%，容量占比达到 17.7%。其中，风电装机容量 3426 万 kW、光伏装机容量 3012 万 kW。南方五省（自治区）新能源装机容量如图 2.1 所示。

2.1.2 南方五省（自治区）新能源资源分布情况

1. 风能资源

南方五省（自治区）中云南资源禀赋最好、

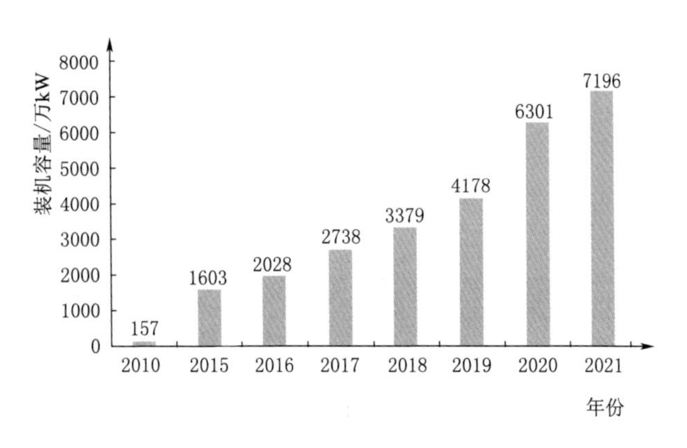

图 2.1 南方五省（自治区）新能源装机容量

资源总量最高，属于Ⅱ类风资源地区；广东、广西、贵州、海南均属Ⅳ类资源区。

广东海上风电发展潜力较大；广西、海南亦具有一定发展潜力；贵州风能资源较为匮乏，可开发量最小。

目前，南方五省（自治区）中云南风电装机容量最大；其次是广东、广西、贵州；海南装机容量较小。其中海上风电全部集中于广东。

2. 太阳能资源

云南属于Ⅱ类资源区；广东、广西、贵州、海南均属Ⅲ类资源区。

贵州大部分地区全年日照时数较低，发展潜力受限，但在当地政府大力支持下，贵州在2019—2020年成为全国光伏竞价项目规模最大、建设速度最快、并网率最高的省份。

目前，贵州光伏装机容量已居南方五省（自治区）首位；云南、海南太阳能资源禀赋较好，但海南受地域发展限制；广东、广西太阳能资源均集中在南部区域。

2.2 新能源调度管理体系得到初步发展

2.2.1 南方五省（自治区）新能源调度运行管理现状

1. 调度管理对象及内容

根据《中国南方电网有限责任公司并网服务管理办法》，南方电网公司需签订“并网调度协议”，调度管理对象主要包括大型新建电源（包括规划总装机规模超过 100 万 kW 的新能源发电集群）、分布式新能源、大用户、增量配电网、微电网及储能。

“并网调度协议”由公司各级调度管理部门负责签订。其中，对于新能源场站，除接入 380（220）V 电网的项目以外，新建电源并网运行前均需签订“并网调度协议”。

“并网调度协议”中明确规定了新能源场站需迅速、准确执行电网调度机构下达的调度指令，按时提交年度、月度、节日或特殊运行方式发电计划、设备检修计划等建议，并确保场站中继电保护及安全自动装置、本端调度自动化系统、电力监控系统相关设备满足电网调度机构运行要求。

2. 调度管理职责

根据《中国南方电网有限责任公司新能源管理细则》，各级电力调度机构的职责包括：负责新能源发电项目的并网管理、调度运行管理以及在保障电网安全运行的前提下全额保障性消纳，编制相关技术标准。具体业务职责包括：并网受理和审查、并网调试、调度运行（功率预测、日计划安排、设备操作、实时出力调整等）、设备检修、发电计划、涉网性能、继电保护及安全自动装置、调度自动化、调度通信、电力监控系统安全防护、事故处理与调查等。

根据南方电网公司的现行调度管理体制规定，目前贵州董箐水光互补农业500kV光伏电站升压站、光照水光互补300GW农业光伏项目500kV升压站统一由南方电网公司总调调度管理，其余新能源场站中，220kV及以上新能源场站现阶段基本由中调调度管理，且业务已经较为成熟；35kV及以下集中式新能源场站，现阶段基本均由地调调度管理；10kV及以上分布式新能源属于地调配网管理范围。对于现阶段差异最大且规模最大的110kV新能源，广东由地调调度管理，广西、海南由中调调度管理，云南则采取省地共同调度管理模式。

2.2.2 南方区域新能源调度运行与管理开展的工作

为持续提升新能源的消纳与管理水平，加快构建清洁低碳、安全高效的能源体系，近年来南方电网公司在新能源调度运行与管理方面开展了深入系统的工作，制定了一系列的管理制度和技术标准体系，并印发了相关行动方案，主要情况梳理见表2.1。

表 2.1　　新能源调度运行与管理开展的工作

年份	文　件	要　点
2018	《南方电网清洁能源调度操作规则（试行）》	该文件以最大限度消纳清洁能源为目标，将清洁能源消纳作为仅次于电网安全的最优先级别约束，从优先发电序位、调度计划编制、跨省（自治区）优化调度、检修及调峰备用安排、保障安全的措施、市场化交易及结算、信息公开与考核监督等方面明确了操作实施规则
2020	《中国南方电网服务区域高质量发展电力调度操作规则（试行）》	该文件总结归纳了近年来南方电网运行经验，重点明确了用电调度、跨省（自治区）调度及发电调度原则。要求优先保障国家区域战略重点地区、各省（自治区）重点地区用电，最大限度消纳清洁能源，落实国家西电东送战略，有效利用西电东送通道满足全网电力供应及清洁能源消纳需求
2020	《南方电网公司新能源并网调度运行技术标准体系（2020版）》	该文件以提高南方电网公司新能源并网标准管理水平为目的，对陆上风电、海上风电、集中式光伏、分布式电源与微电网、储能、综合能源等并网主体的通用标准及技术导则等内容进行了全面梳理
2020	《南方电网海上风电接入技术标准体系完善专项工作方案》	截至2030年底，广东规划建成投产海上风电装机规模约3000万kW。为应对海上风电大规模接入南方电网，以公司现有风电并网相关企业标准为基础，进一步梳理和总结现有相关国际、国家、行业及团体标准体系

续表

年份	文　件	要　点
2020	《南方电网公司服务和融入海上风电发展实施方案》	为积极服务海上风电发展，加快构建清洁低碳、安全高效的能源体系，该文件提出了做好海上风电调度运行和并网消纳、加强海上风电科技攻关和技术储备等9项重点任务
2021	《南方电网海上风电运行监视及调度控制技术方案（试行）》	该文件在充分考虑海上风电场特性的基础上，提出了海上风电场运行监视和及调度控制的相关系统的信息交换和技术要求，包括海上风电场监控系统、海上升压站监控系统、陆上开关站监控系统、有功/无功功率控制系统、广域相量测量系统、功率预测系统、发电计划系统等
2021	《南方电网新能源调度运行管理提升工作方案》	该文件按照"加强技术力量、整合内外资源、共享信息平台、提升管理水平"的基本思路，聚焦推动新能源可观、可测、可控能力建设，提出了运行管理方面七项重点工作计划，全面提升南方区域新能源调度运行管理水平，适应新能源为主体的新型电力系统运行管理要求
2021	《中国南方电网有限责任公司并网服务管理办法》	该文件规范了南方区域新建电源、分布式新能源（含分散式风电）、大用户、增量配电网、微电网和储能项目等的并网服务

续表

年份	文　件	要　点
2021	《中国南方电网有限责任公司新能源管理细则》	为贯彻落实国家能源发展战略，规范新能源管理，支持新能源健康发展，该文件规定了公司系统新能源管理工作的总体要求、职责分工和主要内容
2021	《南方电网公司新能源服务指南》	该文件提出了新能源发电项目并网服务包括并网申请、接入系统方案制订与审查、工程设计与建设、并网验收、并网调试与运行、电费结算与补贴转付等阶段的28条举措
2021	《南方电网集中式新能源场站运行数据接入调度主站技术方案》	该文件优化了新能源场站数据上送方式，完成集中式新能源厂站100%接入调度主站；开展新能源数据质量治理，并网点功率信息实现100%全面可观

（1）在“优化简化管理和标准体系，新能源优先调度更加科学规范”方面，制定了新能源调度操作实施规则、跨省（自治区）调度及发电调度原则，在规则上确立了清洁能源优先调度的地位。

（2）在“创新发展先进数字技术，新能源测量监视与控制更加智能”方面，提出了新能源运行管理七项重点工作计划，全面推动南方五省（自治区）新能源可观、可测、可控能力建设，并针对海上风电提出了运行监视及调度控制的相关系统的信息交换和技术要求。

（3）在“积极探索灵活电力市场建设，新能源电力系统调控能力更加可靠”方面，梳理和总结现有相关国际、国家、行业及团体标准体系，并将加强科技攻关和技术储备列为重点任务，全面支撑新能源友好调度接入。

2.2.3　南方五省（自治区）新能源调度运行与管理取得的成效

1. 全面推进调控一体化工作

2021 年 2 月，为建立安全高效的调度运行机制，实现调度、控制、监视、巡维集约化管理和一体化运作，广东电网有限责任公司率先在南方电网全面推进调控一体化工作。“十四五”期间，南方电网公司将按照“网省系统级控制”和“地调监控操作”定位，构建责任清晰，流程顺畅，安全高效的全新业务模式。明确了新型电力系统下新能源调度管理体系发展方向，研究成果已纳入《南方电网新能源调度管理现状及下一步工作建议》，对于网调及省调着重建设其大电网驾驭指挥能力、市场运营能力；对于地调，着重建设其电网运行指挥、电网监视、电网控制能力。

2. 构建高效运转的新一代调度指挥体系

借助于电网调度云平台强大的数据存储、数据计算及信息通信能力，基于互联网、大数据、软件及终端等技术，将调度指挥体系中包括人员、工具、设备在内的各种生产要素连接在一起，整个调度指挥体系中的业务在线上运转，调度指挥扁平化，调度指挥信息和生产运行信息交换能力大幅提升，信息传播速度和传播范围不受限制，为新能源接入后的调度指挥控制提供了平台基础和强大的算力。数字化的调度指挥控制体系下，计算机能够识别并理解调度指挥行为，基于调度指挥控制系统和各业务系统产生的数据，结合人工智能、大数据等先进技术，实现调度指挥的智能防误、智能代理、智能交互；通过对调度业务全过程和全样本数据的梳理，实现对调度指挥控制业务的分析评价，将更快地发现指挥中存在的薄弱环节和隐患，及时改进和完善，进一步提升调度指挥控制体系的高效性与安全性。

3. 建设运行备用全景监控系统和发电智能驾驶系统

备用全景监视，聚焦解决全网运行备用数据的不可用问题，着力提升全网调节能力的监视水平，实现管理和业务双变革。

（1）驱动管理变革，对各种调备用调控管理、电厂发电受限等业务考核评价从定性向定量转变。

（2）驱动业务变革，掌握全面可观、可信的发电备用数据，构建全网发电资源的核心基础数据源，有效支撑了网省发电自驾驶、区域备用和现货市场等高级应用的落地实施。

实现对全网中调及以上调度机构调度管理的

1000 多台机组的容量、实时出力和各类备用相关的 20 项基础实时运行数据的全面可观和机组 – 电厂 – 省（自治区）多级管理，关键运行备用数据的网省共享和可视化展示。发电智能驾驶系统充分利用各省（自治区）可观、可信的备用数据，结合超短期新能源、负荷预测及系统边界数据，实现日内新能源偏差由传统大的“电话沟通、手动平衡”转向“系统自动感知、计划滚动优化”。目前已在南方电网跨省（自治区）送电计划调整，云南、广西和广东日内电力偏差调控中应用，实现运行调控的规则统一、执行自动化，初步解决了新能源日内偏差导致平衡调整难的问题，大幅提升了日内调度员平衡调控的效率，有力促进“西电东送”和清洁能源消纳。

2.3 挑战与风险

南方五省（自治区）新能源调度运行技术和管理水平得到了进一步提升，为加快构建清洁低碳、安全高效的能源体系奠定了扎实的基础。但随着新型电力系统建设的不断推进和深化，新能源调度运行仍然存在一些具有区域性的问题亟待重点研究解决。

南方五省（自治区）新能源以山地风电、山区光伏、海上风电等形式为主，其利用小时数较低，新能源布局更为多元，与我国“三北”地区及西南地区风光资源丰富、新能源利用小时数较高等特点具有明显差异。早年南方五省（自治区）新能源占比不高，相关运行特性未能充分暴露并引起足够重视，导致目前在新能源管理水平和基础研究能力等方面有待加强。国家“双碳”目标和建设新型电力系统要求的提出，促进了全国范围内新能源的发展。在现有资源条件和管理基础下，南方五省（自治区）在电力转型发展过程中仍面临了巨大挑战，具体体现在以下方面：

（1）新能源场站管理情况复杂，新业态发展缺乏科学引导。南方五省（自治区）新能源存在场站数量大、设备型号多、业主主体多元等复杂情况。其中集中式新能源场站共计 848 个，分属 400 余家不同企业主体；分布式新能源场站超过 8 万个，隶属 3000 家以上投资机构（不含个人户主）。同时，新能源电站建设开发门槛相对较低、建设周期短、开发模式多样，导致市场主体多元化和无序建设。上述情况造成了新能源场站基础管理相对薄弱，加大了调度运行管理难度。

2021—2023 年，南方五省（自治区）计划投产 900 万 kW 分布式光伏电站，装机规模将扩大 2 ～ 3 倍，预计数量规模将扩大 4 ～ 5 倍。目前，南方五省（自治区）还未实现对用户侧分布式新能源进行集中统一监视及运行管理，用户侧、分布式新能源的管控存在空白。另外，由于虚拟电厂、新型储能等新业态市场参与身份暂不明确、调节能力价值无法实现量化衡量等原因，新技术、新业态发展尚未体现其价值及发挥调节作用。

（2）新能源调度运行技术不够先进，可观可测可控能力较弱。南方五省（自治区）新能源场站点多面广且所处地理条件较为偏僻和恶劣，运行中新能源可观、可测、可控能力不足，调度运行管控难度大，具体表现在：

1）可观方面。根据相关要求，新能源场站上送信息不仅包含运行信息，还包含风速、风向、辐照度、气温等气象信息。然而目前新能源场站上送信息仍存在数据越限、数据跳变、数据死值、数据逻辑错误、数据缺失等问题，数据质量不高。

2）可测方面。新能源功率预测精度不能满足调度运行要求，光伏、风电场超短期功率预测结果第 4 小时预测准确率最低标准分别为 70% 和 65%，调度机构以预测结果为依据合理预留备用容量，调整机组组合方案、优化发电计划还存在一定的难度。

3）可控方面。新能源缺少常规机组的调节能力，如新能源场站的有功上调能力几乎为 0，动态无功支撑能力仅为常规机组 1/6 ～ 1/5，大规模接入增加了系统调控的难度，影响设备、电网安全稳定。

（3）系统调节能力不足，灵活资源市场机制和技术手段不完善。新能源装机容量的大幅增加将导致南方区域调峰、调频、备用等调节能力需求剧增。由于南方五省（自治区）辅助市场尚处于起步阶段，市场主体配置灵活性不足、调节力不够。抽水蓄能、电化学储能等灵活调节电源规划少，煤电机组灵活性改造推进较为缓慢，需求侧响应能力不足导致南方五省（自治区）系统调节能力偏弱。未来随着新能源装机规模的快速增加，风电、光伏等新能源消纳难度和压力将大幅增加，同时“风光水火”多能互补运行消纳矛盾将进一步凸显。例如，广东阳西面临着“风光水火”“打捆”送出困难。

（4）新能源基础研究能力不足，标准体系不完善。由于早期南方五省（自治区）新能源占比不高，新能源仿真建模、特性分析、稳定控制、试验检测等方面的基础研究相对欠缺，对新能源接入系统安全稳定特性的分析能力存在不足。现有海上风电、综合能源等专项领域标准存在缺失，风电机组防凝冻能力、新能源宽频测量及检测等部分新能源标准技术要求偏低，与国际先进水平仍存在一定差距。

第 3 章

典型地区新能源调度管理体系

国际能源机构 IEA（International Energy Agency）研究提出：根据电力系统中新能源占比及对系统影响程度不同，新能源接入系统可划分为 6 个阶段。

（1）第 1 阶段：新能源对电力系统无显著影响。

（2）第 2 阶段：新能源对系统运行影响较小（系统运行方式需细微调整）。

（3）第 3 阶段：新能源决定系统主要运行方式（净负荷更具波动性，系统潮流发生较大变化）。

（4）第 4 阶段：新能源成为某些时刻全部的电力供应来源（新能源发电高占比时段出现供电可靠性风险）。

（5）第 5 阶段：新能源电力供应日益过剩（电力供应短缺 / 过剩时段增加）。

（6）第 6 阶段：新能源导致季节性 / 跨年度的供需不平衡。

由第 4 阶段开始，新能源对系统电力供应安全的影响开始凸显；在第 5、第 6 阶段供需不平衡的情况将进一步加重。

从南方电网运行实际情况来看，自 2021 年起，在极端天气等情况下，新能源出力已成为影响电力系统运行方式的关键因素之一。这表明南方五省（自治区）正开始步入新能源发展第 2 阶段，新能源对电力系统运行影响逐步显现。

随着新能源快速发展，预计新能源接入对南方电网运行方式带来的影响将迅速提高，因此有必要选取部分新能源占比较高地区进行调研，借鉴国内外调度系统经验，避免新能源大规模接入对南方电网带来冲击。其中，选取部分国家 / 地区对标调研情况见表 3.1。

表 3.1　对标调研情况

国家 / 地区	主要问题	新能源装机规模占比 /%	南方电网达到该占比预计时间 / 年	所处阶段
美国加利福尼亚州	爬坡能力	20	2035	第 2 阶段
北欧	平衡风力预测偏差；风电低谷电力供应	20	2035	第 2 阶段

续表

国家 / 地区	主要问题	新能源装机规模占比 /%	南方电网达到该占比预计时间 / 年	所处阶段
西班牙	大规模风电实时调度	30	2040	第 2 阶段
英国	净负荷不确定性上升；系统运行方式多变	30	2040	第 2 阶段
爱尔兰	频率越限、系统惯量不足、送出能力不足	40	2045	第 2 阶段
德国	系统频率稳定；常规电源亏损	50	2050	第 3 阶段

表 3.1 中，美国加利福尼亚州、北欧、西班牙、英国和爱尔兰处于新能源发展第 2 阶段。此阶段下，风电和光伏以局部集中并网为主，送出端新能源比例较高。因此，对电网的挑战主要来源于送出网络和并网等局部环节。由于大部分风

电和光伏资源富集地区远离负荷中心，需要通过远距离输电从地区电网末端接入，送出网络往往较为薄弱。新能源出力的随机波动将导致并网线路与并网点周围的电能质量与潮流阻塞问题。另外，新能源机组通过电力电子换流设备与主网连接。这使得其对输出电气量的控制更强，反应更加灵敏，同时故障的耐受能力也更差。系统运行方面，为保证系统供需实时平衡，并网地区的调峰调频灵活性资源需求急剧增加。此时，由于新能源是在局部集中接入，灵活性资源不足带来的问题主要体现为局部地区的弃风和弃光。

德国处于新能源发展第 3 阶段。此阶段下，随着新能源机组装机规模增加，其并网方式从局部并网转为多地区的集中式与分布式并网。目前，德国 90% 以上的光伏装机为分布式。中国光伏和风电装机增量也呈现相近的趋势，新能源出力的间歇性开始对电网整体运行产生影响。稳定性方面，由于电力电子接口控制量包含多个时间尺度，使得电力电子装置能够在较宽的频带内响应电网扰动。机组与机组之间、机组与网络之间的稳定问题进一步复杂化，超同步振荡等宽频域内的独特现象将开始在更大范围内出现。分布式与集中式并举使得电源侧与负荷侧的不确定性均大幅度增加，日内运行场景呈现多样化。全系统常规机组将不得不随新能源波动调整出力大小。一方面，这对大型煤电、热电联产等火电机组的调频调峰能力提出了进一步要求；另一方面，电力资源需要通过电网在全系统内协调配置，系统潮流模式更加多样，转换更加频繁。此外，受到廉价新能源电量的挤占和频繁调节的影响，常规机组的利用小时数将显著下降。常规机组与风光机组的竞争性矛盾开始凸显，需要构建合理的电力市场运营环境，保证系统消纳新能源带来外部成本的正确分配。

3.1　国外典型地区新能源调度管理体系

3.1.1　美国加利福尼亚州

3.1.1.1　电网概况

截至 2021 年 6 月，美国加利福尼亚州装机总规模 7936 万 kW，其中新能源装机规模达到 3396 万 kW。在电能消费结构上，天然气、非水可再生能源和净进口是加利福尼亚州 2020 年最主要的电能来源，合计占总电量的 80% 以上，其中非水可再生电量占比达到 28%。2019 年，加利福尼亚州是美国最大的太阳能、地热能和生物质能发电州，同时也是第二大传统水电发电州和第五大风能发电州。

3.1.1.2 主要挑战

高比例光伏发电接入下，美国加利福尼亚州电力系统净负荷呈“鸭型”曲线，如图3.1所示。

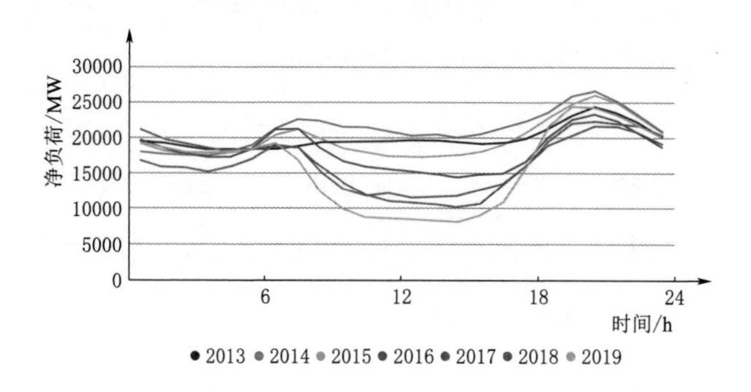

图3.1 美国加利福尼亚州电网典型日净负荷曲线

太阳能在中午时段能够满足很大一部分用电需求，净负荷达到低点；但15:00时后随着光伏出力的下降，电网净负荷将急剧上升，夏季典型日传统机组需要3h内上爬坡15000MW以满足用电需求，为电力调度带来了困难也增大了系统运行风险。

1\. 存在问题

2020年8月，持续高温天气等因素更是引发了美国加利福尼亚州电力危机，电网临时采取分区轮流限电措施，电力市场电价更是突破 1 美元/（kW·h），高出第三季度平均水平 20～30 倍，引发广泛关注。虽然此次电力危机是多方面因素导致，但也反映出美国加利福尼亚州对高比例新能源电力系统的管理存在不少问题。

（1）电网结构分散，管理无序。美国加利福尼亚州电网由多家公用事业公司共同运营，输电网侧接入的传统电源和集中式新能源受加利福尼亚州独立系统运营商 CAISO（California Independent System Operator）管制，而接入配电网的分布式资源受加利福尼亚州公用事业委员会 CPUC（California Public Utilities Commission）管制，双方缺乏高效的沟通机制和事故情况下明确的权责边界，不利于全网的统一调度和迅速响应。

（2）电力市场机制设计对高比例新能源并网带来的挑战考虑不够充分。加利福尼亚州是最早推行电力改革的地区之一，打造的现货市场模式和透明开放的交易体系至今都是众多国家学习的对象。但随着新能源装机容量的增加和边际成本的降低，不断挤占火电市场空间，带来了可调节发电裕度不足等问题，而加利福尼亚州仍未完全建成集中的容量市场，也缺乏完备的跨州市场交易机制，电网灵活性爬坡能力无法保障。电力供应紧张情况下，对发电企业借机惜售抬高价格等行为也缺少有效的约束机制。最终，市场风险不断推高系统运行风险。

（3）能源低碳转型步伐激进，支撑高比例新能源并网的调节资源不足。2016—2021 年新能源装机容量加速增长，却有 1/3 的燃气机组退役，最后一座核电站也计划于 2025 年关停，进一步推高了系统性风险。

2. 应对措施

为应对大规模新能源接入，美国加利福尼亚州电网采取了以下应对措施：

（1）完善管理制度和技术标准，加强不同能源机构间的沟通协作。美国加利福尼亚州独立系统运营商 CAISO、加利福尼亚州公用事业委员会 CPUC 和加利福尼亚州能源委员会 CEC

（California Energy Commission）等能源监管机构开始协商建立长期合作机制，在日常运行中根据预测结果实时沟通协作以迅速、高效解决电力供需矛盾。在提前预见发电侧调节资源的受限情况的基础上，采取有效的激励手段调动负荷侧灵活资源的积极性，充分激发储能、分布式发电等新型资源与电网互动的潜力，保障电力供应。

（2）利用先进数字技术提升电网调度运行管理水平。随着美国加利福尼亚州智能电网中储能、分布式发电和智能电表等布局的加速推进，各能源机构也不断强化需求响应大数据分析，并基于数字化技术开发了不少实用化软件以充分调用需求侧响应资源。以太平洋天然气和电力公司主持开发的 CalTRACK 分析管理软件为例，该软件以历史用电和能耗数据为基础，通过数据驱动与专家经验相结合的方式，为当前负荷侧资源提供时变激励，以实现系统总收益最优。CalTRACK 目前已成为了辅助加利福尼亚州公用事业委员会 CPUC 进行需求侧资源管理的关键工具，软件应用以来显著提升了加利福尼亚州电网的能源利用效率，有效促进了可再生能源消纳。

（3）进一步优化市场机制，提高电力系统灵活性，确保发电资源充裕度，促进可再生能源消纳。

1）缩短电力市场交易周期。风电和光伏在短时间内的波动性使得电力交易价格需要在更短的时间周期反映电力供需关系，美国加利福尼亚州独立系统运营商 CAISO 将交易最小时间单元由 1h 降为 15min，每个运行日含有 96 个交易出清时段。

2）扩大市场范围。加快推进美国西部能量不平衡市场 EIM（Energy Imbalance Market）的建设发展，扩大加利福尼亚与周边非市场区域间的电力交易，通过大范围共享调节资源解决新能源比例提高带来的系统平衡问题，同时提高新能源消纳量、实现市场主体经济利益最大化。

3）辅助服务交易中引入爬坡类产品。面临着新能源发电资源临时短缺和“鸭型曲线”等问题，对常规机组出力快速爬坡提出了更高的要求，加利福尼亚州电力市场已经建立了短期爬坡交易机制，利用燃气机组、抽水蓄能等调节性能较好的机组作为灵活爬坡商品FRP（Flexible Ramp Product），以应对预期之外不确定性净负荷短时间变化，确保电力平衡和电网安全。

4）建立灵活性资源远期备用管理机制。美国加利福尼亚州独立系统运营商CAISO每年会根据系统负荷预测、新能源装机情况等预测第二年系统所需要的灵活性资源，并按一定规则将灵活性资源的需求分配给负荷服务商。负荷服务商通过双边合约的方式购买灵活性资源以满足配额需要，并按规则在日前、实时市场中进行报价，为系统运行提供灵活性。

5）鼓励储能参与电力市场。为推动储能全面参与电力市场、进一步促进储能行业发展，加利福尼亚州降低了储能参与市场的准入门槛：允许装机容量100kW以下集中式储能参与市场不同品种交易；鼓励装机容量100kW以下分布式电源和储能作为分布式资源聚合商参与零售市场。同时在价格机制方面进行了明确，参与市场的储能可以作为电源或负荷被调度，并且购售电价均为批发市场边际出清价格。

3.1.2 北欧

3.1.2.1 发展概况

北欧地区通常包括挪威、瑞典、芬兰、丹麦和冰岛五个国家。除了冰岛之外，其他四个国家均已经实现电网互联，形成统一运行的北欧电力市场。北欧地区是一个新能源占主导地位的地区。截至 2021 年，北欧四国装机容量共计 9426.3 万 kW，其中：风电装机容量达到 2700 万 kW，光伏装机容量达到 561.8 万 kW。2021 年北欧电力系统发电量为 488.5TW · h，发电结构以水力发电、核能、风能和生物质能为主。其中，水力发电占比高达 56%，是重要的发电来源之一。在北欧四国中，挪威在 2021 年的发电量为 157.1TW · h，发电结构以水力发电为主（高达 92%）；丹麦风力发电量占全国发电量的近一半；瑞典是四国之中核能发电占比最高的国家，占比为 30% 左右。截至2021年，芬兰发电总量为69TW·h，其中，生物质发电量为13.5TW·h，约占总发电量的19.5%。丹麦新能源装机容量为1034万kW，其中风电装机达到646.38万kW。2021年，丹麦风电发电量占比达到48.6%，位居全球首位。

3.1.2.2 主要挑战

大规模风电接入对北欧特别是丹麦电网运行带来了一系列的挑战。

（1）如何体现风电价值以使风电运营商获得合理收益。目前，丹麦对陆上风能的主导支持计划是在电力批发市场价格之上支付风电溢价。如果大部分基于风力发电的电力以低价或负价出售，一方面不利于风电运营商；另一方面又降低了风电投资发展的动力。因此，必须确保风电的社会经济价值，促进风电机组投资不断增长。

（2）确保风电出力处于低谷时电力供给。为保障足够的电力供给，风电低谷时需要传统机组或电力进口以保障电力供应。

（3）平衡风力发电预测偏差。尽管风力预测技术越来越精准，但在实际电力生产方面仍存在挑战，特别是在中强风速期间。由于预测偏差，会产生电力平衡的需求。

3.1.2.3 应对措施

为了解决接入大规模风电接入电网带来的问题，北欧四国在电力市场运营、新能源管控模式以及先进数字技术在电网调度的应用方面提出了一些针对性的措施。

（1）在电力市场运营方面，北欧四国推动电力市场统一平衡结算，大力推进与邻国之间直接的跨境交易。丹麦西部天然的地理位置保证了丹麦国家电网公司可以把多余的风电输送到挪威。而没风时，丹麦电网公司则从挪威进口水电。挪威的水电站通常由几个水库组成，当挪威电网公司通过海底直流电缆接收到从丹麦输送过来的风电时，电站关闭水电阀门，使用来自丹麦的风电。水力发电需要大量的水力资源，而且要求水库和水轮发电机之间的落差达到一定的高度。相对于风力发电的不可储存性，抽水蓄能电站成为其储能设备，两者实现了可协调互补。通过向挪威、瑞典和德国提供 6.4GW 的净转移能力（丹麦峰值需求约 6GW），丹麦能够在高风量生产时出售电力，并在低风量时段购买其他国家电力。

（2）在新能源管控模式方面，丹麦建立风能预测管理系统。丹麦国家电网公司针对丹麦的能源结构特征开发了一套预测和管理系统，实现了对风能和热电联产的出力预测结果的整合。在此基础上结合对电网的实时监控，使得能够跟踪丹麦电力系统中所有发电单位的出力情况，实现了对包括新能源在内的多种能源的灵活调度，以保障丹麦和地区电力系统的稳定运行。

（3）在先进数字技术在电网调度的应用方面，丹麦建立数字化能源服务。随着丹麦新能源发电占比的不断上升以及电力市场参与角色的增多，未来的电力生产和消费将呈现出更大的波动。因此，丹麦国家电网公司将数字化技术引入能源领域，面向丹麦电力市场的所有参与者开展了数据中心业务。数据中心的建立为电力市场的参与者提供了上传和查询电力生产与消费等相关数据的统一入口，方便更多主体参与电力零售市场。同时，通过收集和处理电力供应商、输配电企业、电力消费者以及税务部门提供的数据信息，丹麦国家电网公司可利用价格信号等方式，合理指导电力的生产与消费。

3.1.3 西班牙

3.1.3.1 发展概况

西班牙电网属于欧洲同步电网的一部分。截至 2021 年底，西班牙光伏、风电装机容量分别为 1595.2 万 kW、2749.7 万 kW。2021 年，西班牙光伏发电量占比达到 8.1%，风电发电量占比达到 23%。

3.1.3.2 主要挑战

西班牙电力系统中风电占比较高，对系统调峰能力提出了较高的要求。西班牙电力系统与法国、葡萄牙和摩洛哥电力系统互联，但联络线传输的功率不大，因此联络线对西班牙电网调峰的作用有限，只能依靠水电和联合循环等快速调节机组承担。随着风电规模逐步增大，部分时段水电和联合循环等快速调节机组的调峰能力已不能满足需要。因此，必要时风电也必须参与调峰，这要求西班牙电力公司具备大规模风电的实时调度能力。

3.1.3.3 采取措施

为了解决接入大规模风电的电网实时调度问题，西班牙电力公司在新能源管控模式方面提出了一些值得借鉴的措施。

1. 新能源管控模式

西班牙为了做好新能源调度工作，2016 年西班牙电网公司成立了世界上第一个新能源电力控制中心。新能源电力控制中心是国家电力调度控制中心的下属部门，专门负责对全国新能源发电进行调度控制。西班牙法律要求所有装机容量超过 1 万 kW 的风电场必须通过发电控制中心，再与新能源电力控制中心互联。西班牙电力公司的控制系统作为信息的汇集者，每 12s 通过实时遥测向可再生能源控制中心提供每个设施的实时信息，包括连接状态、有功功率和无功功率的产生以及连接点的电压。运营商可以对当前情况进行实时分析，预见系统保持安全状态所需的操作措施，并在必要时向不可控制的新能源发电设施发出限制其生产的指令，这些指令需在15min内完成。西班牙电力调度组织架构示意图如图3.2所示。

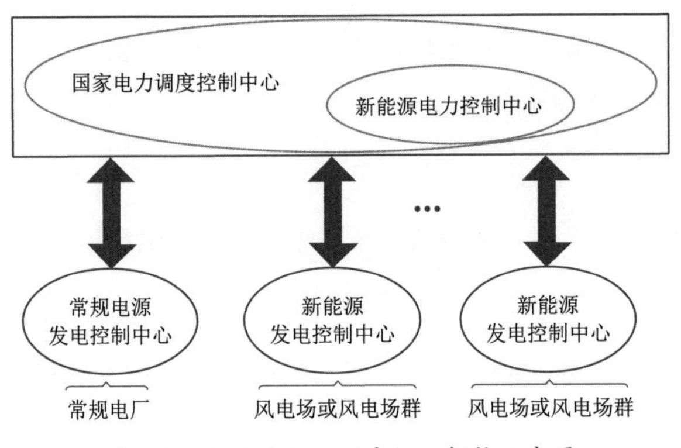

图3.2 西班牙电力调度组织架构示意图

2. 其他方面

除调整电力调度组织架构以外，西班牙主要应对措施还包括限制分布式电源建设容量、建立风电预测精度考核惩罚机制、强制电源配置一次调频备用。

（1）西班牙要求某一区域安装的分布式电源

的容量为该区域的峰值负荷的 50% 以下，尽量避免分布式电源反送电。

（2）西班牙“电力法”规定，西班牙风电企业有义务提前将风电上网电力通报电网运营企业，如果预测不准，风电场要向电网缴纳罚款。对于风电，规定相差比例超过 20% 时，需要支付罚款。风电预测和实际所发电力相差比例越高，则罚款倍数则加大。

（3）西班牙规定包括新能源在内的所有电源必须留有其装机容量的 1.5% 作为电网一次调频备用，也需参与一次调频，风电场通常通过从其他常规电源处购买一次调频备用容量来满足此要求。

3.1.4 英国

3.1.4.1 电网概况

截至 2021 年底，英国新能源装机容量达到 5029.3 万 kW，其中：风电装机容量 2713 万 kW，光伏装机容量 1396.5 万 kW。英国海岸线长、风速高、部分海床深度较浅，具备发展风电的良好条件。2020 年末，英国的风电场数量已超 2500 个，其中：海上风电场数量达 40 个，位列欧洲第一，陆上风电场数量为 2575 个。

3.1.4.2 主要挑战

（1）净负荷不确定性上升，加大调度运行难度。在过去一段中，英国电网总体水平负荷保持稳定，但由于分布式发电规模上升，且电力公司无法了解指定时间有多少分布式发电正在运行，因此英国负荷预测基础模型的标准误差增加了 40% ～ 70%。

（2）电网运行方式更为多变，电网基础设施需加强。在接下来十年中，英国北部风电将大规模增加，与此同时英国负荷主要集中于南部地区，这将使得英国电网运行方式在风电出力影响下更为多变，且南北间潮流峰值将扩大。随着运行方式变化，英国各处电网均需要加强建设。根据预期，苏格兰接入风电将大规模增加，装机规模将超过南北间输电通道容量两倍，现有通道无法满足大规模风电接入的需要。

3.1.4.3 采取措施

为解决大规模新能源接入带来的运行方式变化问题，英国在电力市场运营、调度数字化转型、新能源管控模式方面提出了一些值得借鉴的措施。

1. 电力市场运营

在灵活电力市场运营方面，英国着重推动辅助服务市场产品改革。目前，英国已建立了频率响应、短期运行备用、快速备用等产品在内的辅助服务市场。英国电网将针对所有频率响应和备用服务，建立独立平台并通过采购商业化、要求标准化、采购实时化等措施充分发挥消费者价值。同时，随着输电系统的发展，无功潮流变化的速度和规模都在增加，英国正尝试建立一个作用更强的无功市场，降低系统无功补偿设备的成本。

2. 调度数字化转型

（1）升级调度相关基础设施。由于较小的市场参与者现在可以参与平衡结算，英国电网正计划更新软件以适应参与者数量的增长。目前英国电网调度平台只能容纳至多100个小型平衡结算单元，未来英国电网将评估聚合商数量并根据评估结果适度扩大系统规模，包括为调度系统配置额外的数据存储能力，在新平台上重新配置已有的调度模块以及升级现有调度优化工具，使调度系统能够适应大量小型平衡结算单元等复杂情况。

（2）大力推进人工智能等数字化方法应用。英国正建立包括电力市场在内的数字孪生电网，并通过引入人工智能及机器学习等方法，促进远期电网规划能力、市场运行能力以及调度过程中实时决策能力。例如，英国电网正在推行一个项目，探索调度中心如何运用数据减少预测的误差及不确定性，并提高电力系统的运行效率。

3. 新能源管控模式

在新能源管控模式方面，英国着重提高新能源出力预测准确性。除了最小化日前预测误差，英国电网还开发了能源预测平台，通过提供更准确、更频繁、更精细的预测，使市场参与者可以提前进行调整，减少平衡服务的需要以及系统实时调整动作。为提高对分布式光伏监测及预测能力，英国电网还开发了一套分布式光伏状态估计模型及方法，根据气象数据、负荷数据估算实时光伏接入装机及出力，每5min向调度中心提供光伏出力预拨。此外，英国还启动了对气候变化的研究，分析气候变化对电力系统影响，绘制了未来30年内各处电网遭受灾害性天气风险地图。

3.1.5 爱尔兰

3.1.5.1 发展概况

截至2020年底，爱尔兰总装机容量为1143万kW，其中风电装机容量为430.7万kW。2022年2月，强风使爱尔兰的风力发电创造了新的纪录，新能源发电量占比一度达到88.72%，其中绝大多数来自风能。

3.1.5.2 主要挑战

风电大规模接入给爱尔兰电网带来了包括频率越限、系统惯量不足在内的一系列问题，爱尔兰运营商不得不通过限制部分风电出力以保证电网安全稳定运行。

2020 年，爱尔兰弃风电量达到理论发电量的 11.4%。其中，6.1% 是由于风电出力超过当地网络承载能力；1.8% 是由于系统非同步机组出力达到设定限制值；3.5% 是由于系统频率达到设定区间上限或传统机组达到最小出力限制。2020 年爱尔兰风电限制出力情况如图 3.3 所示。

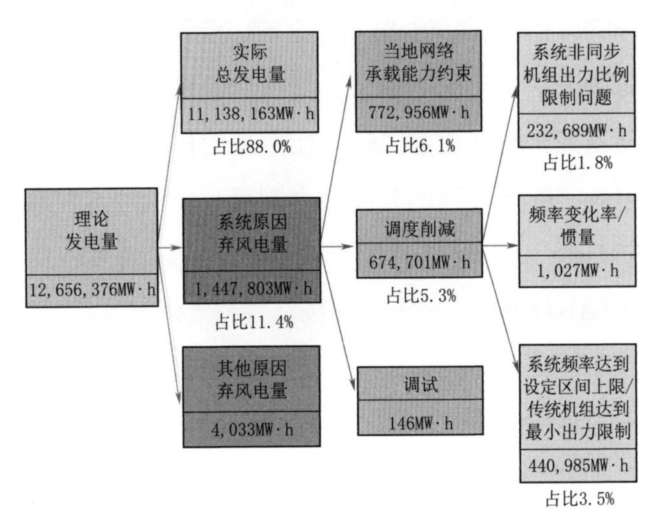

图 3.3　2020 年爱尔兰风电限制出力情况

注：其他弃风原因包含配电网承载能力限制、风电站断路或调试。部分弃风情况在系统运营商的控制范围外且不会被记录。因此，理论发电量不等于实际总发电量 + 系统原因弃风电量 + 其他原因弃风电量。

3.1.5.3 采取措施

为了解决弃风问题，爱尔兰电力公司在新能源管控模式方面提出了一些针对性的措施：

（1）推行安全可持续电力系统计划（以下简称“DS3 计划”），DS3 计划于 2011 年 8 月正式启动，旨在促进新能源普及、实现公共政策目标。计划实施后，爱尔兰已完成多项研究以减少弃风。

（2）通过标准化测试保证风能和太阳能发电场的可控性。2005 年 4 月之前，爱尔兰并网的风电场无法进行出力调节，运营商只能通过开路断路器完全断开。为了确保可控性的提高，并使风电场之间能按比例分配出力削减，爱尔兰运营商 EirGrid 和北爱尔兰运营商 SONI 发布调度政策（SEM-11-062）要求风电场在并网 12 个月以内通过标准化程序测试证明满足可控性要求并获得相应的运营许可。

（3）爱尔兰还采取建设大规模储能、加强电网等方式提高新能源消纳能力。爱尔兰首批部署储能项目已于 2021 年开通运营，并实现了对 2021 年 5 月爱尔兰电网低频事件的迅速响应。截至 2021 年 2 月，爱尔兰共和国和北爱尔兰地区已有装机容量为 2.5GW 电池储能项目处于开发阶段。近年来，爱尔兰对输电系统进行升级改造，提高了西北和西南地区风力发电送出能力。此前这些地区风电送出受限较为严重，每年线路计划内停运均会引起风电出力受限。

3.1.6 德国

3.1.6.1 发展概况

截至 2020 年底，德国光伏、风电装机容量分别为 5378 万 kW、6218 万 kW。2020 年，德国光伏发电量占比达到 8.8%，风电发电量占比达到 27%。德国光伏发展迅速，且呈现出分布式光伏发电量占比大、单个规模小、地理位置集中三个特点。德国分布式光伏装机容量约占光伏总装机容量的 80%，单个发电系统平均容量仅 20kW，且主要位于德国南部。

3.1.6.2 主要挑战

分布式光伏大规模的接入对德国电力系统的

影响首先表现在系统有功平衡压力增加。光伏发电具有典型的日变化特性，大比例光伏并网将显著改变系统供电负荷曲线，增加电网运行压力。其次，由于分布式光伏出力预测误差大，也将增加系统运行安全风险。此外，最重要的一点是系统频率安全风险增加。在没有特殊要求的情况下，分布式光伏发电设备一般没有类似常规机组的频率控制特性，电网出现扰动情况下，光伏发电设备向电网提供频率支撑的能力较弱。2011年，德国光伏的“50.2Hz”问题是光伏对电网频率安全稳定运行影响的典型例子。

除在安全稳定方面的影响以外，新能源大规模发展使得电力市场价格大幅下跌，常规电力处于微利甚至亏损状态，未来投资意愿降低。由于德国没有容量市场，市场电价降低对传统电力盈利能力造成较大负面影响，部分传统发电厂面临关停风险，间接导致保证系统稳定运行的电力装机容量缺口。

3.1.6.3　采取措施

为解决接入大规模分布式光伏电网的安全稳

定以及传统电力的盈利能力问题，德国电力公司在电力市场运营以及新能源管控模式两方面提出了一些针对性的措施。

1. 电力市场运营

（1）通过引入平衡结算单元机制实现新能源精准预测。德国共有 2700 多个平衡结算单元，平衡结算单元是由电网牵头，综合了电网发电厂能源公司三方，负责预测区域内流入和流出的电量，不能平衡的时候就必须在市场上通过拍卖，买入或者卖出平衡电力。由于平衡成本远大于普通的市场交易电价，因此精准预测用电量和发电量成为各参与单位的共同利益。

（2）建立独立调频市场，通过允许更多类型的技术参与到调频辅助服务市场保障电网频率安全。

2. 新能源管控模式

在新能源管控模式方面，德国主要应对措施包括建立全覆盖新能源监控体系、制定新能源接入规则。

（1）建立全覆盖新能源监控体系。德国电网建立了多个输电网控制中心和上百个配电网控制中心以实现对新能源场站的实时调度。根据德国《可再生能源法》的规定，2012 年以后，所有可再生能源发电设备必须具备遥测和遥调的技术条件。新能源场站实时数据直接上传至配电网控制中心。当输电网运营商的输电线路存在阻塞，其首先给下属配电网调度指令下发限电指令，令其限制一定份额的电力。然后配电网或者直接限制连接在本网的可再生能源电力，或者再给其下属的中压电网调度中心指令，令其限制一定份额的电力。

（2）制定新能源接入规则。德国目前针对低压配网分布式电源修订了“发电厂接入低压电网”应用规则，对分布式发电厂提出更严格的要求，利用新的电网支持特性整合未来的发电能力。该规定要求，新安装发电设备必须在电压短暂下降或上升期间保持并网运行，从而为电网运行提供支持；根据电压馈入无功功率；当系统缺乏电力时，发电厂和蓄电池将增加其输出功率支撑系统。

3.2 我国典型地区新能源调度管理体系

3.2.1 现状概述

目前，国家电力调度通信中心负责调度大型新能源基地，如风电火电打捆送出的特高压直流送端新能源电源；各级网调不负责调度管理新能源场站；各省对新能源调度管理划分情况在省调和地调两级上具有一定差异，不同省份调度管理原则不一。其中，大部分地区还是依据传统按接入电压等级方法确定新能源场站主体，但各省省调与地调调度管理范围划分的具体电压等级略有不同。

由于国内不同地区新能源发展情况各异，选取若干个具有代表性的地区电网作为调研对象。

其中，新能源打捆外送地区选取西北电网为调研对象；负荷密集区受端电网选取江苏为调研对象；大规模分布式新能源集中地区则以山东以及深圳前海为例。

3.2.2 西北电网

1. 西北新能源打捆外送电网调度管理体系面临的主要挑战

青豫直流等送出通道近区常规电源装机容量较小，新能源电源装机容量大、占比高，电压支撑能力相对薄弱，存在较为严重的暂态过电压问题，是现阶段制约打捆外送通道送出能力的主要因素。随着新能源装机占比不断提高，通道负载持续提升、近区新能源规模进一步扩大，“大直流”“高比例新能源”电力系统安全问题进一步突出。

2. 青海电网及其调度管理体系概述

青海电网是目前全国清洁能源、新能源装机占比最高的省域电网。截至2021年7月，青海电网总装机容量 4050 万 kW，其中：清洁能源装机容量 3657 万 kW、占比 90.3%，新能源装机容量 2464 万 kW、占比 60.9%。从电源结构、负荷等情况来看，青海电网仅有 5 座火电厂，水电装机较多，长期以来形成水火互济。青海以东的陕西是煤电基地，与水火兼容的青海电网同时形成东西互济。此外，几座大型水库也起到了调剂作用，“全清洁能源 15 日”期间，龙羊峡、拉西瓦、李家峡、公伯峡、积石峡等百万千瓦级水电站是主力调峰调频电站，保障电网安全运行。

目前青海电网新能源电站（不含试验风场）出力曲线由省调直接调度管理，330kV 新能源电站上网线路、母线、主变由省调直接调度管理，110kV 及以下新能源电站上网线路由地调直接调度管理，电站母线及主变由电站直接调度管理。试验风场出力曲线、分布式电源由地调直接调度管理。

3. 经验与创新

青海电网为应对大规模新能源消纳问题提出了四个创新调度模式举措。

（1）建立多能源互补协调机制。优化水、火、风、光、储多能源互补协调控制，综合运用风光自然互补、水电梯级联调、火电深度调峰、储能削峰填谷，为新能源消纳腾挪空间。

（2）提高新能源出力及负荷预测精度。在发电预测与负荷预测系统中增加电力大数据分析模块，基于历史、同期等海量数据源数据，精准计算短期和超短期新能源富余电力电量，有针对性提高日前、日内现货交易。

（3）通过跨区域通道提高消纳能力。充分利用与新疆、陕西的时差特点开展实时置换，及时调整电力外送方向，拓宽光伏发电时段消纳能力。

（4）发挥好共享储能作用。利用区块链技术开展共享储能市场化交易增发新能源电量。

3.2.3 江苏

1. 负荷密集区受端电网调度管理体系面临的主要挑战

虽然大容量区外直流来电可有效缓解负荷密

集区受端电网高峰用电的紧张局面，但在轻负荷时，高占比区外直流会置换大量常规火电机组，由于直流系统升、降电压设备复杂，效率低，运行稳定性难以保证，造成系统调节能力降低，电网稳定性下降。

2. 江苏电网及其调度管理体系概述

江苏是能源消耗大省，其能源资源和负荷中心总体呈现逆向分布的特征。截至目前，江苏电网已经形成了“一交三直”特高压交直流混联为支撑、500kV“六纵六横”为骨干网、220kV分区运行、配电网协调发展的电网格局。江苏电网很大一部分电量依赖于区外来电。2021年，江苏区外来电共计1222亿kW·h，在全社会用电量中占比达到17.80%。

目前，江苏电网根据调度管辖范围划分总体原则，兼顾光伏特点，将总容量为50MW及以上的光伏电站归由省调度管辖；接入10（20）kV及以上电压等级，非省调度管辖的光伏电站，由所属地区地调调度管理。实际运行中，部分35kV风电也归地调调度管理。

3. 经验与创新

为解决江苏电网安全稳定性等问题，江苏电网近年来在多个方面进行研究创新。

（1）实现新能源发电预测大尺度、高精度、全覆盖。国网江苏电力有限公司根据多年实际运行经验，提出“增加新能源功率预测时长，提升新能源预测精度，提高新能源功率预测预见期，优化火电机组组合，促进新能源全额消纳”，并着手开展新能源发电5～7天中长期功率预测系统研发工作。为火电机组在更大时间尺度下的开机方式优化提供可靠依据，并显著提升电力系统电源侧的新能源消纳能力。

（2）改善分布式光伏频率特性。2020年，国网江苏电力开展了为期1年的分布式光伏涉网频率专项核查整改。为了防止分布式光伏出现大规模脱网的问题，国网江苏电力有限公司编制了《分布式光伏电站频率保护核查工作方案》，并对全省77181户分布式光伏电站开展细致、全面排查。

3.2.4　山东

1. 大规模分布式新能源集中地区电网调度管理体系面临的主要挑战

受新能源发电高波动性和外电高负荷输入的影响，山东电网面临的挑战如下：

（1）特高压扰动带来电网稳定风险。山东电网通过宁东直流、昭沂直流、鲁固直流输入外省电力，由于直流大量代替常规电源，在突然失去外电的情况下，山东电网抗扰动能力将恶化。

（2）电网调峰能力不足，新增新能源装机接入困难。随着新能源保持高速增长，“外电入鲁”和核电装机容量不断增大，省内调峰电源更加不足。2018 年春季，火电机组为了保障新能源消纳，中午时段均在最低负荷运行。到 2019 年春季，火电机组不得不采用日内启停机的非正常调峰手段来满足电网运行要求。火电机组启动、停机费用很高，且机组受温度剧烈变化影响，爆管等事故概率大大上升。在火电机组的支持下，山东一直没有弃风弃光，但到了 2020 年春季，由于多重因素影响，弃风弃光率逐渐上升。

2. 山东电网及其调度管理体系概述

山东电网以火电为主，截至 2021 年底，山东全省发电装机总容量 17334 万 kW，其中水电装机容量 168 万 kW，占比 1.0%；火电装机容量 11599 万 kW，占比 66.9%；核电装机容量 250 万 kW，占比 1.4%；风电装机容量 1942 万 kW，占比 11.2%；太阳能发电装机容量 3343 万 kW，占比 19.3%。2021 年通过特高压输入的省外电力 1187 亿 kW · h，占全省全社会用电总量 7383 亿 kW · h 的 16.1%。

3. 经验与创新

根据电网运行实际，为提升新能源消纳水平，山东电力调度控制中心编制了《新能源场站调峰优先调度原则》。在常规燃煤、核电、抽水蓄能、热电联产机组以及外网支援等调整能力无法满足新能源全额消纳要求时，按照优先顺序组织新能源场站参与电网调峰。

（1）日前计划制定。发生新能源消纳困难时，按照允许的最小方式开停 60 万 kW 以下火电机组调峰；按规定调降核电机组出力；协调省调直调自备电厂做好参与电网紧急调整准备；协商营销部启动需求响应；向分调申请联络线调峰支援。下旋转备用一般按照 50 万 kW 预留。若确认无法全额消纳，则制定全网新能源发电出力总曲线。日前计划阶段提前通知存在自动发电控制 AGC（Automatic Generation Control）未闭环运行、上传可用容量等问题的场站在预计的弃电时段人工停运。

（2）实时调度调整。适时启动抽水蓄能机组抽水；通过储能 AGC 设施进行充电；命令有深度调峰能力的机组开始深度调峰；正式通知自备电厂降出力；通知营销部正式启动需求响应；若仍调整困难时，及时申请紧急联络线支援。全网下旋转备用按照不低于 50 万 kW 控制，不能满足要求时，通知存在 AGC 未闭环运行、上传可用容量等问题的新能源场站停运调峰；启动 AGC 闭环运行的场站参与电网实时调峰，风电、集中式光伏统一按照装机容量等负荷率的原则，削减其发电出力。

（3）分布式和扶贫电站优先消纳。按照国家有关新能源政策，对于分布式电站和光伏扶贫电站（不含非扶贫容量），电网企业及电力运行管理机构应保证分布式发电多余电量和扶贫电量的优先上网；但在紧急情况下分布式电站和光伏扶贫电站也应接受并服从电力运行管理机构的应急调度。在日前计划编制和日内实时调度阶段，如预计其他集中式新能源电站实施全部弃电后，电力系统仍无规定的调整能力，可通知分布式电站和光伏扶贫电站参加调峰弃电。

（4）扶贫电站非扶贫容量运行控制。正常要保证扶贫指标对应发电单元发电不受限，非扶贫容量对应的发电单元必须参加全网统一调峰，AGC 闭环运行的将按照等负荷率原则减少其出力，未闭环的将停运调峰。目前山东省内具有扶贫发电指标的集中式光伏电站总装机容量已达 161.6 万 kW（45 座），而扶贫指标容量仅为 31.86 万 kW，占总装机容量的 19.7%。为避免影响扶贫电量正常结算，公平、公正对待扶贫电站和非扶贫电站，各市公司要与每个扶贫电站协调界定非扶贫发电单元以及具体计量和运行控制方式。

3.2.5　深圳前海地区

1. 大规模分布式新能源集中地区电网调度管理体系面临的主要挑战

深圳前海地区负荷密度大、分布式光伏接入规模大，大大提高了配网调度计划检修、信号监视、故障处置工作量。操作任务重、调度管理设备广，对配网调度员工作能力带来了极大的挑战。

2. 深圳前海电网及其调度管理体系概述

南方电网公司将深圳前海电网定位为“国际一流智能电网”进行打造，并充分考虑到前海地区用电高负荷密度、高电能质量、高可靠性要求和土地受限等特点，从发、输、配、用等九大领域开展智能电网示范区建设。

在吸收借鉴国内外一切先进理念和成功做法基础上，前海电网探索使用 220kV 直降 20kV 嵌入式附建变电站和电缆隧道输电通道，为区内节约40多万m^2土地探索出一条城市与电网融合发展的绿色道路。

（1）配电网方面，全球首创“二线合环+联络线”接线模式，构建世界一流的高可靠性物理网架基础，20kV线路则采用全光纤纵差保护配置。2021年，原前海“二线合环”区域已实现客户年平均停电时间为零的世界顶尖水平。

（2）在电力调度领域，深圳前海电网创建了集电网调度、运行、继保自动化、设备管理等功能于一体的调配用一体化系统，实现了全业务信息融合。

3. 经验与创新

根据电网运行实际，为提升新能源消纳水平，降低配网调度人员的工作压力，前海电网应用了一系列先进技术。

（1）建立基于人工智能技术的调控平台。将多种业务数据接入、处理和信息识别与决策形成完整的数据处理、技术链路、服务调用，形成具有扩展性、智能化的调控人工智能AI（Artifical Intelligence）平台。同时，通过人工智能交互组件打造智能化调度工作台，实现调度人脸识别认证登录，基于语音识别实现指令接受和执行等业务。

（2）实现电网态势全局感知。通过应用电力调控 AI 平台的电网态势全局感知技术，研究利用电网设备与外部信息，建立多源异构数据库。基于历史数据与仿真数据，建立电网态势感知模型。根据电网当前态势，通过对信息的整合，自动适配调控人员信息需要，建立电网调度知识库，提供辅助决策。

3.3 经验及启示

通过对国内外典型电网新能源调度管理现状的调研总结，能够发现各地调研对象在新能源大规模发展过程中，主要存在系统灵活性不足、电网稳定性下降以及传统机组利用小时下降三个主要问题。各问题及各调研对象采取的主要解决方案如下：

1. 系统灵活性不足问题应对措施

针对新能源大规模发展带来系统灵活性不足的挑战，采取解决方案如下：

（1）建立并完善辅助服务市场，精细化地衡量市场成员提供的安全服务，充分调动系统灵活性资源参与服务积极性，保障系统中有充足的灵活性资源可供调度使用。

（2）探索与周边区域电网的融合交易，充分利用跨区域协同消纳能力。

（3）借助数字技术建立大规模新能源调度管理平台，提高新能源可控性，同时建立多能源互补协调机制。

（4）建立新能源预测精度考核惩罚机制。

2. 电力系统稳定性下降问题应对措施

针对新能源大规模发展带来系统稳定性下降的挑战，采取解决方案如下：

（1）强制电源配置一次调频备用。

（2）制定并完善新能源特别是低压分布式电源接入标准。

3. 传统机组利用小时下降问题应对措施

针对新能源大规模发展带来传统机组利用小时下降的挑战，从各调研对象采取的解决方案来看，解决方案主要是通过建立容量市场、新能源场站向常规电厂购买灵活性资源等方式，建立常规机组的合理成本回收机制，实现系统消纳可再生能源带来外部成本的正确分配。各类型政策技术措施应用情况见表3.2。

表 3.2 各类型政策技术措施应用情况

政策技术	国家／地区	措施
先进数字技术	美国加利福尼亚州	需求侧响应资源分析以及激励
	北欧	建立能源数据中心
	英国	对调度系统进行升级改造
	英国、我国深圳前海地区	（1）建设电网数字孪生。 （2）引入人工智能技术提高实时决策能力
市场机制	美国加利福尼亚州	缩短电力市场交易周期反映新能源波动性
	美国加利福尼亚州、北欧、我国青海	加强跨区域电力交易
	美国加利福尼亚州、英国、德国、我国青海省	（1）建立容量市场、辅助服务市场。 （2）建立购买灵活性资源机制
新能源管控模式	北欧、西班牙、英国、德国、我国青海和江苏	加强新能源预测管理

续表

政策 技术	国家 / 地区	措 施
新能源 管控模式	西班牙、德国	（1）建立可再生能源电力控制中心。 （2）扩大新能源监控覆盖范围
	西班牙	限制分布式电源建设容量
	西班牙	强制电源配置一次调频备用
	德国、我国江苏	制定完善新能源接入规则
	我国山东	日前计划制定、实时调度调整

第 4 章

面向新型电力系统的智能化调度系统

4.1 核心需求

（1）新型电力系统建设背景下，集中式、分布式新能源装机容量不断扩大，电力系统供需两端不确定性增加，依靠传统调度系统监测手段已无法全面掌握电力系统运行现状并准确预测发展趋势，调度系统亟须增强源网荷储等多端监视能力。

（2）新能源出力的波动性和间歇性使得系统运行方式更为多变，对电力系统灵活调节能力提出了更高的要求。

（3）新能源场站管理情况复杂、分布式新能源管理难度大，新业态发展缺乏科学引导，加之新能源、新业态标准体系不完善，导致系统运行风险显著增大。

（4）随着海量新能源、新业态广泛开放接入，电网遭遇自然灾害、网络攻击等破坏性事件的危害亦不容忽视。

因此，为实现构建新型电力系统的目标，亟须全面提升电力系统全景监视能力、灵活调节能力、安全控制能力及极端防御能力。鉴于目前电网装备设施和基础平台还无法满足上述需要，还需加强高端装备建设以支撑各项能力提升。

4.1.1　高端装备建设需进一步提速

1. 基础设施建设需升级

（1）发电侧要加快煤电灵活性改造，推进抽水蓄能电站建设，并推动新能源场站合理配置储能，全面提升系统运行灵活性。

（2）电网侧要强化电网基础设施，构建坚强输电网以及配电网，完善西电东送通道及其余主网架，并通过融冰等辅助服务装置提升极端天气下网架可靠运行能力；推动电力通信基础设施、推动云化数据中心基础设施建设，实现大规模存储能力部署，满足海量数据传输及存储的需要。

（3）用户侧要推进智能网关、微型传感器、智能电表等智能化设备的应用，提高终端数据采集能力；通过全域物联网建设及5G技术应用，实现海量终端设备数据实时采集及传输的需要；并通过推动分布式电源、分布式储能、多元化负荷等设备智能化改造，加设芯片化控制终端。

2. 数字智能架构需搭建

（1）在数据接入方面，需重点提升非结构化数据、实时数据、外部数据的批量接入、实时接入、手工填报能力，以快速汇集新型能源在内的新型电力系统各环节运行及管理数据。

（2）在数据处理方面，需构建云边协同计算体系，通过具备海量数据计算分析能力的大型及超大型数据中心以及具备边缘计算、智能执行能力的边缘型的中小数据中心的协同运行，全面支撑新型电力系统下海量数据快速分析处理和快速响应要求。

（3）在数据存储共享方面，实现全域数据统一汇聚、海量数据统一存储，并依托区块链技术实现跨域数据高效共享。

3. 高级应用平台需建设

通过建设全网一体化调度指挥平台、一体化电网运行智能系统OS2（Operation Smart Systerm）云边融合平台、全域精细化数值天气预报平台、电力监控安全态势感知平台，逐步实现电网状态自我感知、故障缺陷自我诊断、电网控制自主决策等高级功能。

4.1.2 全景监视能力有待进一步加强

1. 精细预测技术需提升

（1）从日前预测来看，一方面，需提升气象及新能源预测技术精度；另一方面，需根据分布式电源、储能、电动汽车等负荷侧新型设备接入后对系统净负荷的影响，适时改进已有负荷预测技术。从供需两端同时保障预测的精准性。

（2）从中长期来看，需研究中长期负荷增长趋势以及新能源新增潜力，以合理制定电网建设及新建新能源电源投产计划，确保系统供需平衡。

2. 在线辨识技术需完善

新型电力系统是以数字电网为基础构建，大量各种类型智能量测设备接入系统。智能化调度系统要实现覆盖新能源、新业态在内的整个电网进行实时监控并采集整个电力系统运行的实时信息，需要完善对电网及其接入设备的在线辨识技术，进行实时监控、状态估计、系统惯量辨识、系统强度监测等，及时准确地采集和处理电网中各元件、局部或整个系统运行的实时状态信息，增强新兴电力系统全域监测和广域态势感知能力。

3. 精准告警技术需完备

智能化调度系统需借助数字化平台建立与气象、安防系统信息互通共享机制，对山火、覆冰等危险因素信息进行接入及识别，及时判别电网运行面临风险以及设备故障问题，并及时提示调度人员做好预防措施。

4. 智能评估技术需构建

（1）在前评估阶段，需借助人工智能、机器学习等先进算法研究实时、智能评估技术，根据电网目前运行状态，对调度人员指令或相关操作进行实时评估，并及时向调度人员或设备管理人员提示可能出现的安全事故风险。

（2）在后评估阶段，研究并完善电网调控优化后评估方法以及新型电力系统经济运行管理框架与评估机制，实现调度运行策略的不断改进。

4.1.3 灵活调节能力有待进一步夯实

1. 海量分散式新业态开放服务与支撑能力需建立

当前电力系统实时平衡要依赖出力可调的常规电源，而新型电力系统将以出力不可调节的新能源发电为主体，发电侧调节能力显著下降。需要通过需求响应、电动汽车、虚拟电厂、综合能源系统、多能互补等方式充分挖掘负荷侧海量分散式新业态调节能力，结合储能配置实现“发 - 用”实时平衡变为“发 - 储 - 用”实时平衡，实现海量分散式新业态开放服务支撑电力系统的实时平衡。

2. 多时间尺度灵活电力资源互济调控能力需加强

调节能力是电力系统适应不断加大的波动性、有功 / 无功冲击的重要保证。

（1）在调峰能力方面，电源侧推动火电机组灵活性改造以及“风光水火储”一体化多能互补机制，负荷侧推进电动汽车、分布式储能、可中断负荷参与调峰，并扎实提高电网资源配置能力，实现全网调节资源共享。

（2）在调频能力方面，需推动新能源、储能、电动汽车等参与系统调频，发挥直流输电设备的频率调制能力。

（3）在调压能力方面，发挥常规机组的主力调压作用，需利用柔性直流、柔性交流输电系统 FACTS（Flexible AC Transmission Systems）设备参与调压，推进电力电子类电源场站级的灵活调压，探索分布式电源、分布式储能参与低压侧电压调节。整体而言，需进一步加强多时间尺度灵活电力资源在电力系统调峰、调频和调压等方面的互剂调控能力。

3. 网省协调的高效发电自驾驶能力需进一步提升

需实现以电价信息、网损测算结果、网络拓扑结构、新能源及负荷出力场景为输入，实现同时考虑经济性和清洁能源消纳的省间送受电计划实时调整功能，并采用智能算法计算提升经济运行效益、降低通道网损。需基于网间计划自驾驶系统的建设，实现网省两级调度系统的高效协调。

4. 支撑灵活资源市场交易的协同运行能力需夯实

需建立适应大范围市场运作的输配电价机制，完善网源荷储协调互动机制，拉大峰谷分时电价、丰枯季节电价，完善辅助服务市场，并建立调度控制与交易结算协同机制，保障灵活性资源调用后能获得合理收益，充分发挥用户灵活性资源作用。

4.1.4 安全控制能力需进一步提升

1. 全网一体化调度指挥智能水平需提升

需建立和完善不同层级调度之间的协调机制，提升全网一体化调度指挥智能水平。按照“网省系统级控制”和“地调监控操作”定位，构建责任清晰、流程顺畅、安全可靠、智能高效的业务模式。其中，网省调突出大电网及集中式新能源驾驭指挥能力、市场运营能力；做强地调，突出其电网运行指挥、电网监视、分布式电源控制能力。

2. 新能源高效建模与仿真技术需精进

需建立集中式光伏、分布式光伏、海上风电、陆上风电不同类型新能源的运行模型与仿真分析方法，加强设备接网前建模管理，并结合系统运行实际数据修正相关参数，不断提高仿真运行准确性。并针对不同仿真需求，分别建立新能源电磁暂态及机电暂态特性模型，提高仿真运行效率。

3. 新能源构网型主动支撑技术需加强

加强虚拟同步等新能源构网型主动支撑技术的攻关力度，制定完善低压穿越等新能源对电网频率、电压、惯性支撑标准，大力提升风电、光伏等新能源发电对电网频率、电压的主动支撑能力。

4. 新能源宽频振荡谐波治理水平需提升

研究不同频域下新能源振荡谐波预防控制主要手段，合理优化网架结构、电网运行方式、直流运行参数，并建立新能源配置虚拟阻尼等接入标准，避免宽频振荡现象出现。

4.1.5 极端防御能力需进一步加强建设

1. 事故防御与智能处置能力需提升

（1）需提高电网事故规避能力，根据电网实时运行状态，通过及时判别新能源大规模脱网等事故风险，并通过优化控制及时规避。

（2）需提高继电保护、切机切负荷及解列等三道电网防线智能化水平，通过应用数据驱动的电力系统故障甄别与对策分析等技术，当电网出现小规模故障时实现故障的精准判别及切除，尽量避免事故扩大化。

（3）当需要通过切机切负荷或解列时，根据事故规模及负荷、电源的重要程度，对负荷电源进行精准切除，尽量减少新能源出力及负荷损失。

2. 极端大停电智敏防御能力需改进

（1）需建立电网灾害预警能力，通过应用视频图像、微气象、山火、分布式光纤测温等在线监测技术，实现气象、地质等灾害的监测及预警，根据预警信号及时调整新能源出力预测及电网运行方式。

（2）需建立电网灾害防控能力，分析不同类型灾害对新能源运行的影响，建立新能源机组应对灾害能力的相关标准，提高新能源机组对自然灾害的防范能力，并制定电网面临连锁故障、极端气候等情况下的应急机制和方案。

（3）需提高电网应急保障能力，通过加强保底电网、建立退役火电机组进入应急备用机组清单机制，提高电网在大范围新能源长时间无出力等极端条件下保障供电能力。

3. 全域网络安全防御能力需建立

（1）需配备核心数据安全防护能力，通过基于大数据及人工智能等数字化技术构建关键数据全生命周期保护技术，实现海量广域新能源、新业态数据安全可视、可管、可控。

（2）需建立网络安全标准规范，基于零信任技术架构，建立统一的数字身份中心和访问控制中心，实现人、设备、应用、服务的全面数字身份管理和动态权限管理。

（3）需建设新兴领域网络安全保障体系，针对海量负荷汇聚平台、海量新能源汇聚平台等新型业务平台的网络安全防护提出风险防控措施。

4.2 发展趋势

4.2.1 调度系统的智能化演变历程

我国电力调度系统发展至今，可分为四个驱动阶段：模拟通信技术驱动阶段、数字化技术驱动阶段、信息和通信技术驱动阶段以及智能化技术驱动阶段，如图 4.1 所示。

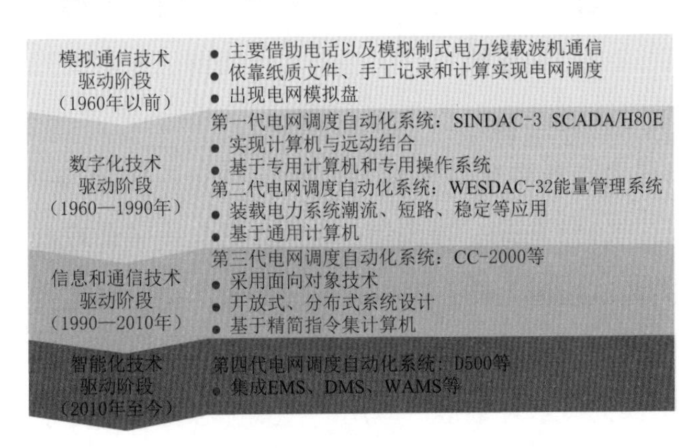

图 4.1 我国电力调度系统发展示意图

1. 模拟通信技术驱动阶段（1960年以前）

我国电力工业发展初期，电力系统规模小、设备数量及种类有限，因此运行控制复杂度较低。电力系统管理人员借助电话与发电厂、变电站联系获取电网运行状况，并依靠纸质文件、手工记录和计算实现电网调度。20世纪40年代，随着模拟通信技术的发展，电力系统实现将数据展现在模拟盘上的功能，增强了调度员对实际系统运行变化的感知能力。20世纪50年代中期，我国开始研制有接点遥信和频率式遥测远动装置，并在东北、北京等地区进行无人值班变电站试点。与此同时，我国通过应用国外引进及自研的模拟制式电力线载波机，在部分地区实现了长距离的电力调度通信。

2. 数字化技术驱动阶段（1960—1990年）

1958年起，我国第一台大型数字电子计算机的调试投运工作，为电力部门的数字化发展充实了人才及技术储备。20世纪60年代，晶体管继电保护技术开始推广应用，正式标志我国电力系统从模拟信号转向数字信号。在此期间，我国开发了电力系统潮流、短路、稳定等基本应用软件，并广泛投入离线使用。

20 世纪 70 年代末期，我国先后从瑞典、日本引进 SINDAC-3 SCADA 和 H80E 系统。消化吸收相关技术后，我国于 80 年代初期开发了 PDP-11/24、MicroVAX Ⅱ、VAX-11/750、VAX4000 等 SCADA 系统以及调度员培训模拟系统，形成了基于专用机和专用操作系统的我国第一代调度自动化系统。

20 世纪 80 年代后期，为了满足跨省（自治区）域电网调度运行监控的需求，我国引进第二代调度自动化系统。东北、华北、华中、华东四大电网从英国引进了 WESDAC-32 能量管理系统，并开发了调度运行所需高级应用软件。至此，调度自动化系统实现了从专用计算机到通用计算机的跨越。

第一代和第二代调度自动化系统均属于集中式计算机系统，不具备开放性，难以与其他信息系统或第三方应用建立连接，系统功能单一，信息孤岛现象突出。

3. 信息和通信技术驱动阶段（1990—2010年）

20世纪80年代末，精简指令计算机、开放操作系统、因特网等技术快速发展，相关标准逐步建立，推动了开放式系统结构兴起。以CC-2000、SD-6000，OPEN-2000为代表的第三代调度自动化系统逐步开发成功并投入实际运行，调度自动化系统开始呈现分布式、开放式的特征。分布式、开放式系统使调度人员可在不同的硬件和软件平台上实现文件导入导出、电力潮流计算等信息交换和互操作功能，也为应用软件“即插即用”、促进SCADA/EMS技术的竞争和发展减少了障碍。

与此同时，信息和通信技术发展使调度机构的观测控制能力大幅提升，调度机构通过高速数据通信网络、广域测量系统实时采集、监控广域电网的状态参数，实现对系统动态过程的实时监控。

4. 智能化技术驱动阶段（2010年至今）

进入21世纪以来，北美大停电事故、我国南方冰灾及汶川地震等事故和灾害对电网造成严重冲击，电力调度自动化系统在复杂、极端情况下对电网控制能力受到行业高度关注。

根据全球电网发展趋势，国家电网有限公司在调度控制领域重点推动智能电网调度控制系统（其基础平台简称 D500 平台）的技术研发与集成应用，将一个调度中心内部的 10 余套独立应用系统横向集成为由一个基础平台和四大类应用（实时监控与预警、调度计划、安全校核和调度管理）构成的电网调度控制系统，并实现国、网、省三级调度业务的纵向协调控制。中国南方电网电力调度控制中心自 2006 年起开始逐步进行一体化电网运行智能系统 OS2 的研究，实现了电力系统发电、输电、配电、用电各环节全覆盖的运行监控及运行管理。

电力系统逐步形成规范、统一的数据平台，信息化系统从单机、单项目向网络化、整体性、综合性应用发展、从局部应用发展到全局应用，调度自动化系统由传统的经验型、分析型向智能型转变。

4.2.2　智能化调度系统研究热点

为整体把握学术研究方向，研判新型电力系统调度关键技术，运用 CiteSpace 文献计量工具，借助文献计量法选取 Web of Science 和 CNKI 收录的国内外电力调度技术相关研究文献进行量化分析，揭示调度技术研究的总体趋势。

1. *文献计量方法原理及应用*

文献计量法是一种著名的定量分析方法。它采用数学与统计学方法来描述、评价和预测科学技术现状与发展趋势，在态势分析和前瞻预测研究中发挥着重要作用。

CiteSpace 是一款主要用于计量和分析科学文献数据的信息可视化软件，因其能够绘制学科知识图谱，动态清晰、直观形象地全面解读学科的国内外发展趋势、研究进展、热点前沿、学科知识结构及其动态演化关系，成为了文献计量及知识图谱绘制最常用的工具之一。截至 2013 年底，CiteSpace 已在 40 余个国家得到应用，仅国内利用该软件发表的文章已经超过 300 篇。软件功能主要包括文献关键词的共性分析、聚类分析、突现分析以及研究路径分析等。

2. 国外调度技术研究热点与趋势分析

为分析国外调度技术研究热点，选取国外 Web of Science 数据库 2000—2022 年与调度相关的 4450 篇文献作为样本进行关键词聚类分析，如图 4.2 所示。

图 4 .2 中表示文献聚类分析结果中各簇关键词，其中序号越小表明该簇中所含文献数量越大；每簇标签左侧的横线为时间轴，其中实线部分表示该簇文献发表的时间段，时间轴上标签则表示各时段出现频次较高的关键词；关键词之间的连线表示不同关键词之间的相关关系，其颜色越深表明两关键词共同出现的文献数量越大。

从聚类结果来看，涵盖文献数量最多的 10 簇依次是经济调度、风力发电、负荷经济调度、发电经济性、可调鲁棒优化、能量管理系统、电动汽车、数字特征、无功调度以及差分进化算法。

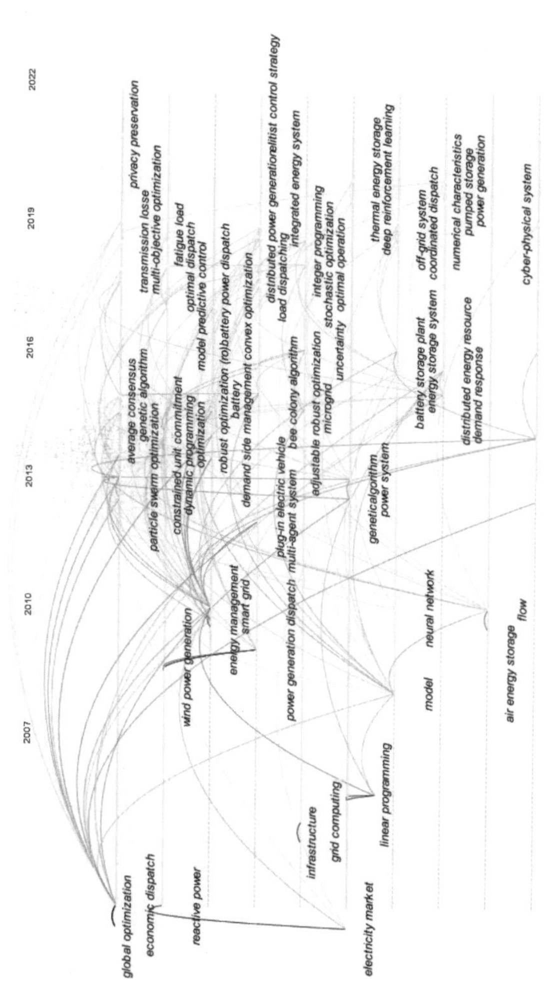

图 4.2 国外研究关键词聚类

国外研究聚类关联关键词见表 4.1。

表 4.1 国外研究聚类关联关键词

簇序号	簇标签	主要关联关键词
0	经济调度	分布式控制、智能电网、启发式算法、分布式算法
1	风力发电	自动发电控制、不确定性、光伏系统、计算机建模
2	负荷经济调度	可再生能源、智能电网、分布式发电、储能
3	发电经济性	发电调度、负荷调度、不确定性、最优化
4	可调鲁棒优化	智能电网、运行、模型预测控制、优化调度
5	能量管理系统	风电、电压偏差、半搜索算法、燃料成本
6	电动汽车	电动汽车、分层调度算法离网系统、协调调度、可持续运行
7	数字特征	数字特征、网络负荷、样本熵、发电、并行和分布式计算
8	无功调度	一体化、复杂系统理论

续表

簇序号	簇标签	主要关联关键词
9	差分进化算法	风力发电系统、网损、实时电源调度、日前

由表 4.1 可知，电力系统经济调度运行是国外学术研究主要热点，其中根据关注重点可分为发电侧优化、负荷侧优化两类，涉及的技术方法包含启发式算法、分布式算法、鲁棒优化算法、半搜索算法和差分进化算法等。除此之外，也有较多学者在电动汽车与电网互动、风电建模与控制、无功控制以及电力系统数字化建模等方向开展研究。

为分析国外技术研究变化趋势，对国外调度领域突现词进行分析，见表 4.2。

表 4.2 国外调度领域突现词

突 现 词	强 度	突现时间段 / 年
Linear programming	1.87	2006—2016
Wind power	2.30	2009—2013

续表

突 现 词	强 度	突现时间段 / 年
Renewable energy	2.54	2010—2015
Economic load dispatch	2.01	2010—2011
Particle swarm optimization	4.45	2013—2015
Differential evolution	3.24	2013—2015
Distributed algorithm	1.97	2013—2015
Smart grid	5.35	2014—2015
Unit	2.14	2014—2015
Economic dispatch	1.89	2014—2016
Vehicle	2.64	2015—2016
Optimal power flow	3.22	2016—2018
Electric vehicle	2.67	2016—2018
Unit commitment	2.62	2016—2017
Distributed energy resource	2.20	2016—2017
Generation	4.40	2017—2018

续表

突现词	强度	突现时间段 / 年
Energy management	1.93	2017—2018
Uncertainty	3.12	2018—2019
Multiagent system	2.43	2018—2019
Robust optimization	1.95	2020—2022

由表 4.2 可知，2003—2015 年，经济调度优化算法是国外调度技术领域最主要的研究热点；2015 年后，随着全球能源结构转型以及电气化水平的不断提高，国际研究开始关注调度系统如何面对逐步加大的不确定性、如何与电动汽车、分布式能源等新型主体互动等问题。

3. 国内调度技术研究热点与趋势分析

为分析国外调度技术研究热点，选取国内 CNKI 数据库中 2009—2022 年调度相关的 450 篇文献作为样本进行关键词聚类分析，如图 4.3 所示。

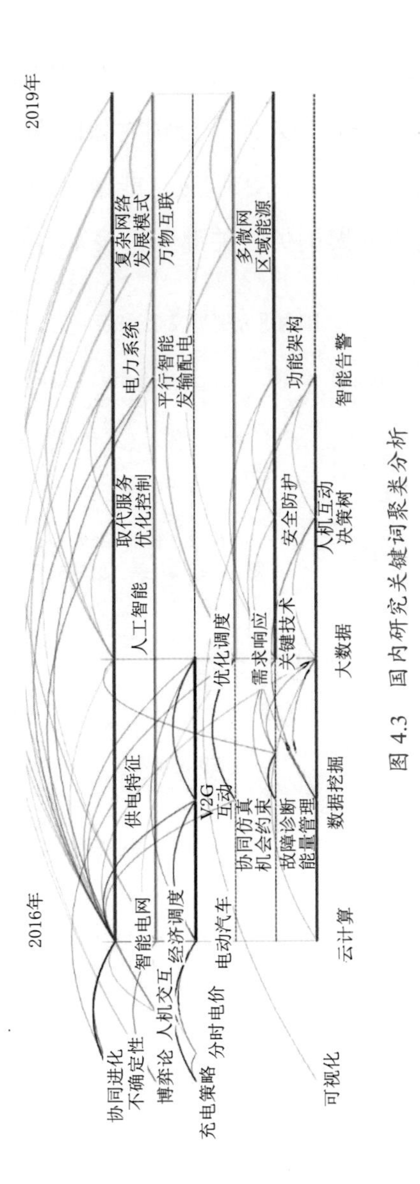

图 4.3 国内研究关键词聚类分析

由图 4.3 可知，国内调度技术领域研究关键词主要集中在 6 个方向，分别为智能电网、智能合约、电动汽车、需求响应、能量管理和数据挖掘。国内研究聚类关联关键词见表 4.3。

表 4.3 国内研究聚类关联关键词

簇序号	簇标签	主要关联关键词
0	智能电网	供电特征、优化控制、复杂网络发展模式
1	智能合约	博弈论、智能电网、人工智能电力系统、万物互联、区块链智能合约
2	电动汽车	充电策略、分时电价、经济调度、V2G 互动
3	需求响应	电动汽车、协同仿真、优化调度、多微网区域能源
4	能量管理	故障诊断、需求响应、微网
5	数据挖掘	可视化、云计算、数据挖掘、大数据、智能告警

国内研究聚类关联关键词见表 4.4。

表 4.4 国内研究聚类关联关键词

突现词	强　度	突现时间段 / 年
辅助决策	4.31	2009—2010
电力调度	3.51	2011—2012
电动汽车	6.07	2015—2017
需求响应	5.57	2017—2019
大数据	3.14	2017—2018
数据挖掘	3.02	2017—2018
人工智能	8.42	2019—2021
经济调度	4.6	2019—2021
优化运行	2.69	2019—2021

由表 4.4 可知，与国外研究趋势基本一致，2015 年起，国内调度技术领域研究开始关注如何在电力调度优化过程中，充分挖掘电动汽车、需求侧响应等新型灵活性资源的潜力。不同之处在于，国内研究更关注大数据、数据挖掘、人工智能等信息化技术在电力调度智能化领域中的应用。

4. 研究热点

总体而言，2015 年起，电动汽车、需求响应、分布式能源等新型主体对电力调度的影响愈发受到国内外学者的关注；与此同时，随着计算机网络、大数据、人工智能等技术发展，调度系统智能化水平也正不断取得新的突破。文献调研结果见表 4.5。

表 4.5 文献调研结果

文献调研对象	高频研究问题	采用解决技术
国外研究	能量管理 高压直流变流器 经济调度 储能管理 需求响应	模糊控制 分布式控制 人工智能 神经网络
国内研究	经济调度 运行方式 电动汽车 故障诊断 变流器 需求响应	人工智能 可视化 大数据 辅助决策 深度学习

5. 南方电网公司研究热点

2021 年 5月，南方电网公司针对新型电力系统建设发布《南方电网公司建设新型电力系统行动方案(2021—2030年)白皮书》以及三个专题报告。其中指出，数字电网是新型电力系统的核心，新型电力系统将呈现数字与物理系统深度融合，以数据流引领和优化能量流、业务流。以数据作为核心生产要素，打通电源、电网、负荷、储能各环节信息，发电侧（发电厂等）实现“全面可观、精确可测、高度可控”，电网侧（电网企业）形成云端与边缘融合的调控体系，用电侧（用电用户）有效聚合海量可调节资源支撑实时动态响应。新型电力系统下，需要研究大规模新能源高效消纳技术、远距离大容量直流输电技术、数字技术与先进电力电子技术融合的大电网柔性互联技术、交直流配电网与智能微网技术等关键技术。

4.2.3 调度系统智能化趋势研判

结合调度系统智能化演变历程以及目前学术界、公司的研究重点，可以发现虽然当前新型电力系统尚无官方定义，但是各界对其认识已趋于一致：发展新型电力系统的过程，就是适应新能源大规模接入的过程，核心是“双高”（“高比例可再生能源”“高比例电力电子设备”）背景下电力系统的发展问题。其中高比例可再生能源主要是具有随机性、波动性、间歇性的新能源，需要提高预测能力、加强电网建设、提高调节能力、提升智能化水平；高比例电力电子设备则极大改变了电力系统内部的电气特征，需要提高新能源并网要求、更新电力系统控制与保护等二次设备、升级电网调度体系。

综上所述，对新型电力系统背景下智能化调度系统未来研究的趋势进行如下研判：

（1）目前关键技术难点主要集中于大规模电力电子设备接入带来的稳定性问题以及高比例可再生能源接入带来的系统电力电量平衡问题。

源网荷三侧均呈现电力电子化趋势，对电网的频率、电压支撑减弱，并可能诱发功角失稳、宽频振荡等问题。但与此同时，利用构网型电力电子变换器相关技术，可通过控制使变换器对外表现为受控电压源特性，能够提供惯量支撑，提高系统强度。新能源发电通过构网型电力电子变换器并网，能够参与电网调频调压，提供系统惯量支撑，能有效应对新能源随机性、间歇性、波动性给系统造成的潜在安全稳定风险。储能系统同样能够运用构网型电力电子变换器，构建起支撑大电网稳定运行的电压源，可以起到快速调频调压、增加惯量和短路容量支撑、抑制宽频振荡等作用。或者在分布式电网及微电网系统中作为主要电源，实现分布式系统的稳定自治运行。此外，未来新型电力系统将与数字化、信息化、智能化技术深度耦合，构建“可见、可知、可控”的透明电力系统。传统电气设备将与电力电子技术结合，同时与先进传感、通信、计算、人工智能等高新技术有机融合实现数字化、信息化、智能化。智能化电力电子设备将呈现出设备功能与智能信息“可见可知，灵活可控”的特征。

（2）人工智能技术和数字化技术将成为调度系统智能化升级的主要动力。与传统厂站（采集数据量在几百点左右）相比，新能源场站采集数据量达上万点，同时时间尺度涵盖了秒级、分钟级、小时级，上述特点意味着数据驱动的新方法新路径才能支撑新型电力系统的建设、运营、服务业务，促进能源和数字产业全要素、全链条的深度连接和优化融合。

4.2.4 其他需要关注的重点问题

值得注意的是，我国新型电力系统建设还呈现出新能源集中式和分布式并举、以数字电网为支撑等发展趋势。因此，我国智能化调度系统建设除需要重点关注大规模电力电子设备接入带来的稳定性问题以及高比例可再生能源接入带来的系统电力电量平衡问题等全球新能源发展的共性问题以外，还需要高度关注并解决以下问题：

（1）大型新能源发电基地的调度机制问题。随着大型新能源发电基地建设推进，未来千万千瓦级风电光伏大基地外送需要新建 17 回跨省（自治区）特高压输电通道，均为跨省（自治区）甚至跨电网经营区的远距离输电工程。我国电网中实时电力平衡是以省级行政区范围为基本单位、由省级调度负责实施，而跨省（自治区）、跨电网经营区的联络线（输电通道）调度需要提级至国调（总调）或者大区电网调度进行协调。考虑不同层级调度机构间的协调时间及成本，通常跨省（自治区）输电通道的送电计划往往需要在日前或提前数十分钟明确，更短时间尺度的实时电力平衡则通过省级调度自行灵活调整省内机组出力予以实现。由于送端电源以出力不稳定的新能源为主体，若延续现有的调度模式，一方面其送电功率实际难以按既定计划曲线执行，需要送端电网配套大量的灵活性调节电源参与调整；另一方面由于送电计划与受端电力平衡分属不同层级甚至不同电网企业的调度机构负责，实际也限制了送受端一体化、源网荷储一体化协同效益的充分发挥。

同时，为有效支撑送受端电网运行安全，未来大基地的跨省（自治区）远距离外送将考虑推广应用特高压柔性直流输电技术，其控制复杂度远较传统交流输电更高（送受端换流站互动时间尺度在毫秒级），直流控保系统及配套安全稳定系统也需要送受端统一调度，难以沿用按行政区域拆分由不同调度机构负责的模式。因此，面向大型新能源基地亟须创新调度模式。

（2）新型电力系统面临日趋严峻的网络安全挑战。新型电力系统是支撑多种新型能源主体互联互通、多种形式能量高效转化的重要途径，是建设综合能源系统的重要基础。随着能源供给消费的“新电气化”进程加快，电网数字化转型不断深化，新型电力系统的网络安全防护工作面临极大冲击和挑战。主要表现在：

1）能源供给侧的新兴安全威胁。新能源场站一般地处偏远且少人值守，安全防护能力相对薄弱，容易遭受固件篡改攻击，形成攻击跳板；分布式新能源配备的智能化监控终端增势迅猛，网络安全风险暴露面扩大，风险点增多，终端边界防护压力增大。

2）电网调度侧的新兴安全威胁。面向新型电力系统的智能化调度系统是集合云计算、边缘计算、人工智能、大数据等新兴技术的智能化调度管理平台，实现海量、多主体新能源及系统可调节资源的“可观、可控、可测”同时，也将支撑多种新兴生产管理业务的高效协同。由此，智能化调度系统内各子业务系统交互需求增多，网—省—地级业务协同场景也越发复杂，给现有边界防护框架和安全防护管理机制带来冲击。

3）能源消费侧的新兴安全威胁。电动充电桩、智能楼宇、虚拟电厂、储能等新能源可调节负荷的多样化接入，极大地扩展了新型电力系统的网络安全控件；聚合商的管理后台大都通过公网形式接入调度系统，电力监控系统边界防护压力增大；大型负荷聚合商的集中管控平台建设没有网络安全标准参照，存在安全隐患，若因为系统漏洞造成可调节负荷资源被恶意操控，将对电网运行造成极大影响。

此外，越发复杂的国际形势也给新型电力系统网络安全建设带来重大影响。依照“底线思维”，需要从国家安全、能源安全、电网安全角度思考应对国家级对抗的网络安全极端事件，做好应急处置方案，基于可信计算、态势感知等技术实现新型电力系统主动防御，完善边界防护，拓展防御纵深，建立适应新型电力系统运行生态的综合防御体系。

4.3 主要特征

结合国内外新能源调度管理运行的先进经验以及文献分析结果，归纳得到新型电力系统背景下，智能化调度系统主要具备五大特征。

1. 智达高端装备

智能化调度系统通过全面覆盖的小微传感器、芯片化智能监测控制终端、智能网关等高端装备实现接入设备全态感知和定向控制；在数字智能架构下，网、省、地三级调度系统实现新型电力系统各环节运行及管理数据高效共享；调度系统配备多个高级应用平台，及时发现电网运行面临的风险，同时为海量设备实时化、智能化调度控制提供决策支撑。

2. 智瞰全景监视

智能化调度系统具备气象、新能源多时间尺

度预测能力，并依托在线辨识技术及时掌握系统中集中式、分布式新能源场站及储能、虚拟电厂等可调资源的运行状态，实时分析系统惯量、备用水平。此外，智能化调度系统还整合电力系统外多维度信息、实时评估调度人员指令以及设备管理人员相关操作，向调度人员进行安全事故风险提示。

3. 智慧灵活调节

智能化调度系统通过适应分布式资源发展，通过网省协调发挥电网资源配置平台的特点，使电网与多种基础设施网络高度融合，从“源随荷动”向“源荷互动”的综合能源模式转变；促进电、冷、热、气等多能互补与协调控制，满足分布式清洁能源并网、多元负荷用电的需要，促进终端能源消费节能提效；同时，电力市场在平衡用电质量与用电成本中将发挥更加重要的作用。除保障性用户外，更多用户将直接或间接参与市场交易，以市场手段平衡好用户电能质量与成本之间的关系。

4. 智能安全控制

智能化调度系统通过全网一体化调度指挥智能系统，建立高精度的新能源出力及运行状态模型与仿真平台，提升新能源构网型主动支撑能力与新能源宽频振荡谐波治理手段，进一步提升新型电力系统的智能化安全控制能力，保障新型电力系统的安全稳定运行。

5. 智敏坚强防御

智能化调度系统通过应用大数据、人工智能等数字化技术，实现电网运行各类事故的智能防范与精准处置；在自然灾害等极端事件下实现快速恢复及重要负荷供电保障；建立网络安全综合防护体系，有效应对可能出现的网络袭击，避免电网运行关键数据泄露，保证重要平台可靠运行。

第5章
智能化调度体系建设

5.1　顶层设计

基于面向新型电力系统的智能化调度系统的主要特征，进一步对智能化调度系统建设的顶层设计和实施路径进行研判。顶层设计方面，针对大规模电力电子设备接入带来的稳定性问题以及高比例新能源接入带来的系统电力电量平衡问题，以建设数字电网为基础，依次构建“源荷互动”的新型平衡体系、大电网安全立体防御体系。智能化调度系统建设的顶层设计某构图如图 5.1 所示。

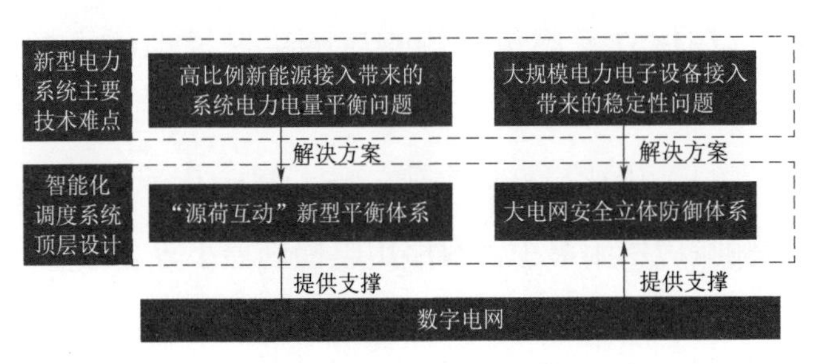

图 5.1　智能化调度系统建设的顶层设计某构图

5.2 总体架构

5.2.1 “源荷互动”新型平衡体系构建

5.2.1.1 不同发展阶段下的平衡特点研判

1. 仿真模型建立

建立考虑负荷侧响应的生产模拟仿真模型，实现对新型电力系统不同发展阶段下，电网平衡模式及其特征的量化分析研究，为新型平衡体系的建设提供理论支撑。

在建立考虑负荷侧响应的生产模拟仿真模型中：

（1）优化目标应考虑新能源最大化消纳、负荷侧响应费用最少、有序用电措施最小等。

（2）约束条件应考虑电力平衡约束、常规机组爬坡条件约束、常规机组调节能力约束、旋转备用约束、负荷侧响应等。

2. 典型阶段系统特点

随着新能源持续快速发展，装机结构的变化将深刻改变电力系统运行机理和平衡模式。参考国际能源机构 IEA 根据电力系统中新能源占比及对系统影响程度不同，新能源接入系统划分的 6 个阶段，本书从新型电力系统的不同发展程度划分为 3 个典型阶段。不同阶段下的系统也具有不同的平衡特点。

（1）典型阶段 1：传统电力系统中，常规电源最大开机可全额保障负荷可靠供应，并通过电源侧的调节来满足新能源消纳需求，这一阶段的调度平衡模式特点为“源随荷动”。在这种模式下，难以同时实现利用率、发电量占比的双重目标，新能源发电占比不高，无法实现新能源向电量主体的转变。

1）在保持一定的新能源利用率条件下，常规机组调峰深度加深，新能源发电占比可有一定相应提升。

2）若仅靠电源侧调节，在合理经济运行目

标下，即使常规机组平均调峰深度降至非常深的程度，新能源发电量占比也难以得到突破（如超过 30%）。

（2）典型阶段 2：随着新能源装机占比的持续提升，考虑检修和故障后常规电源无法全额满足“尖峰”电力平衡需求，为保障供应有序可靠，需要部分可控负荷适度参与调节，调度平衡模式转变为“源荷互动”模式，即通过储能及部分荷侧资源满足新能源消纳需求及保供需求，新能源发电量占比可提升至 30% 以上。

1）在保持一定的新能源利用率条件下，负荷侧响应比例提升，新能源发电占比可有一定程度提升。

2）通过引入可控负荷参与电网调节，可以在新能源利用率一定目标要求下，将新能源发电占比提升至 30% 以上。

（3）典型阶段 3：随着新能源逐渐成为主力电源，仅靠源侧、网侧调节难以满足平衡调节需求，需要通过负荷侧响应来解决新能源与负荷两条曲线间匹配问题，调度平衡模式转变为以负荷侧调节为主、储能作为补充的“源荷互动”模式。此时新能源成为电量供应主体（新能源发电量占比可提升至 50% 以上），但也逐渐出现新能源连续极小天气及季节性电量平衡缺口，需配置长周期储能资源解决。

1）在一定的新能源利用率目标下，随着负荷侧大量参与系统调节（柔性负荷占比达到 60%），新能源发电量占比最高可提升至 50% 以上。

2）随着负荷渗透率的逐渐提升，逐渐出现新能源连续极小天气及季节性平衡缺口（春季新能源大量弃电与冬季供电缺口并存），需配置一定量的跨多日及季节性储能资源解决。

5.2.1.2 新型电力系统平衡问题解决思路设计

为应对新型电力系统下平衡调节面临的挑战，需全面挖掘源、荷、储各方调节能力，并处理好调节能力与运行成本间的关系，以系统综合运行成本最低为目标，有序引导负荷侧响应、火电灵活性改造、抽水蓄能、电化学储能等调节资源参与电网调节（投资及运行成本递增顺序为负荷侧响应、火电灵活性改造、抽水蓄能、电化学储能等），实现保供应与保消纳的双方面保障、发电占比与利用率的双方面兼顾。

5.2.1.3　新型平衡体系下的合理电源结构设计

充分考虑风光资源情况，新能源与常规电源装机规模需满足电量需求，避免发生结构性缺电。在此基础上，根据可调节负荷的比例形成合理电源结构，避免发生平衡性缺电。

常规电源将主要提供保障性出力，满足不可调节负荷的用电需求，其装机规模应当根据不可调节负荷的最大电力需求确定；新能源随机性出力主要依靠可调节负荷来跟踪响应，其装机规模应当根据可调节负荷的最大调节能力确定。

在同样新能源利用率水平下，新能源可消纳装机规模与柔性负荷比例成正比，同时新能源发电量占比也随着提升。

5.2.1.4　新型平衡体系下的合理储能结构设计

根据不同时间尺度下平衡调节需求，通过系统性储能配置方案解决。针对短时间尺度下的“尖峰”负荷平衡需求，合理配置电化学储能、抽水蓄能等具备转化速度快优势的储能装置保障平衡安全。针对新能源连续多日极小过程及冬季大负荷期间的电量供需矛盾，研究并配置能量密度高、存储损耗小的储能类型予以解决。储能能力密度及可存储时长关系示意图如图 5.2 所示。

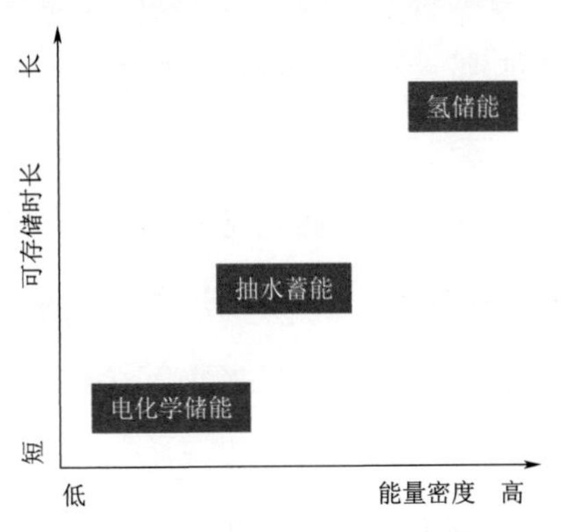

图 5.2 储能能力密度及可存储时长关系示意图

5.2.2 大电网安全立体防御体系构建

未来新型电力系统下电网面临多种稳定问题交织，事故影响呈现全局化、一体化特征，需从认知感知、风险管控、紧急防控三个方面入手，着力构建源网荷储协同的大电网立体防御体系，实现大电网认知感知能力提升、风险主动管控以及建立紧急防控机制的目标。

1. 提升认知感知能力

（1）构建新型电力系统分析与认知体系。强化高比例新能源、高比例电力电子设备电网的安全稳定基础理论研究，深刻把握稳定特征演化规律。加强大电网仿真能力建设，增强分析能力。

（2）完善电网本质特征量化评价指标体系。构建系统转动惯量、多场站短路比等稳定评价关键指标，为电网安全稳定水平的全景量化感知提供有效工具。

2. 实现风险主动管控

（1）加强信息融合，实现电网风险量化评估。深化电网运行信息、设备状态信息、外部气象信息融合应用，在设备级风险评估的基础上，建立系统级安全风险量化评估模型，实现大电网故障风量化评估险的可视化预警。

（2）提高风险预判预控能力，实现安全风险的主动控制。综合考虑风险量化评估结果和控制水平，针对潜在多重故障，实施优化控制手段，提升电网抗扰能力，推动电网安全被动防御到主动管控。电网风险主动控制示意图如图 5.3 所示。

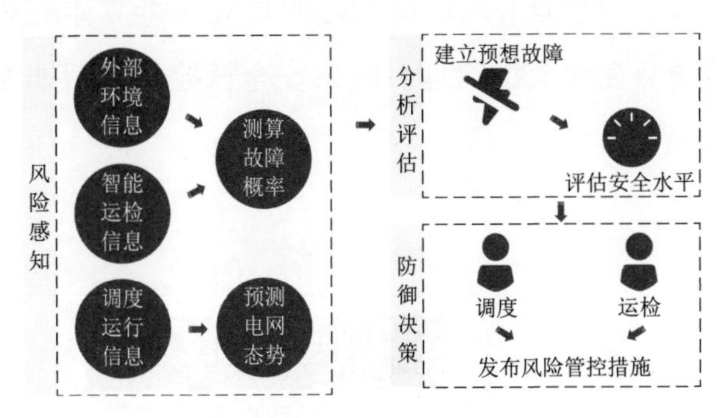

图 5.3 电网风险主动控制示意图

3. 建立紧急防控机制

（1）强化区域级电网紧急防御系统。打造层次清晰、运行可靠的区域电网二道、三道防线骨干网架；进一步统筹风、光、直流等紧急控制资源；加强控制目标、控制措施的多维度统筹协调，增强电网故障防御与恢复能力。

（2）构建多元协同大电网频率全过程防控体系。分别从源头控制、过程管控和评估反馈三方面实现频率安全管控。源头管控方面，科学量化的频率扰动源评价管理；过程管控方面，常规调整中建立以奖惩分明、权责明晰的频率资源优化配置管理，紧急措施时建立灵活完备的频率安全应急响应管理；评估反馈方面建立多维立体的频率调节在线反馈管理。频率安全管控示意图如图 5.4 所示。

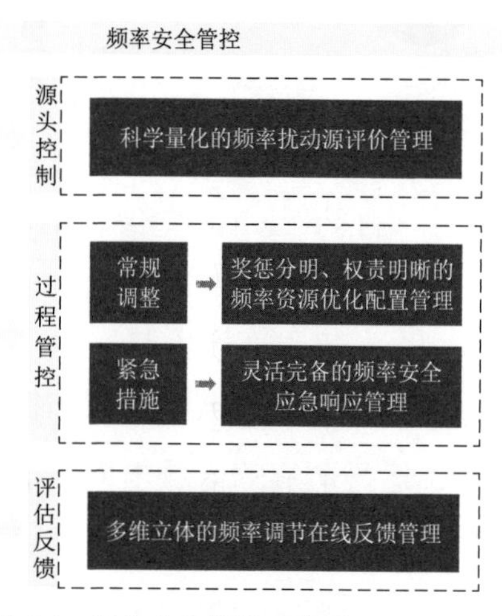

图 5.4　频率安全管控示意图

5.3 实施路径

5.3.1 智能化调度系统初步构建阶段（2025年之前）

5.3.1.1 “源荷互动”新型平衡体系初步构建

1. 理论研究方面

（1）把握新能源运行特性，提高对新能源预测能力。研究网内典型新能源密集片区系统运行特性分析，实现重点试点地区新能源功率预测水平达到国际领先。

（2）研究新型电力系统下电源合理配置及调度机制。加强新能源整体规划，促进传统能源与新能源产业协调发展，优化提升电力供给结构。研究“风光水火储”“源网荷储”两个一体化多能互补机制。逐年滚动开展中长期运行方式研究，提出相应工程措施和运行措施建议。

（3）针对日内新能源波动性提出应对措施。研究适应源网荷储协同模式的日内计划滚动优化技术。推进需求侧新业态、新模式的政策制定及技术进步。

2. 标准机制方面

推进新能源场站一次调频建设。研究制定新型储能配置系列标准，编制南方区域储能规划，研究新型电力系统经济运行管理框架与评估机制，提出考虑源荷多重不确定性的经济运行评价指标体系以及概率化评价方法，制定相关标准。研究制定各类型储能调度运行规程和调用标准，形成全网统一的储能并网检测流程规范，推动完善新型储能检测和认证体系。

5.3.1.2 安全立体防御体系初步构建

1. 理论研究方面

深入开展以新能源为主体的新型电力系统安全稳定基础理论研究。提出针对大 / 小扰动、静态稳定、频率稳定、功角稳定等典型安全问题对应的典型场景构建及安全边界解析方法。针对交－直－交串联及交直流并联带来的稳定问题，研究并提出南方区域新型电力系统主网架结构形态、运行特性以及应对策略；针对新型电力系统运行特性，研究继电保护关键理论和技术、保护策略仿真技术，建立新型电力系统保护运行管控机制，提出层次化分层分级保护控制策略；研究并提出直流微电网技术、混合交直流灵活配电网技术。

2. 标准机制方面

建立专业高效协同的新能源并网管理机制，发布新能源并网调度工作指南，形成全网统一的新能源并网检测内容和流程规范，推进探索新能源场站的集控中心运行管理模式，持续优化完善新能源技术标准体系，建立完善新能源场站管理制度及调度运行管理评价体系。并依托上述标准机制，组织中调完成新能源场站涉网试验试点，完成并网检测及涉网试验建档管理，实现新能源场站涉网改造及试验检测技术监督，严格新建新能源场站涉网试验的标准化把关强化集中式新能源场站监控能力。

5.3.1.3　数字化技术与智能技术初步应用

1. 一体化调度指挥控制系统

推进建设适应新能源控制的一体化调度指挥控制系统。

（1）借助数字化技术，建设新能源调度运行数据支持平台，南方电网新一代气象系统以及二次设备运维管控平台等系统建设，规范新能源并网接入信息，实现所有新能源资源的可观。同时完善调度日前衔接需求侧响应机制及技术手段。

（2）基于人工智能技术，建设基于精细化数值天气预报、AI 新算法等综合应用的新能源多时间尺度功率预测平台、完善的大电网异常事故辅助决策系统、智能防误指挥控制系统、基于云边融合的智能化调度运行平台，构建新型调度 AI 认知服务平台，推动人工智能与调度业务深度融合。

（3）探索 5G 技术在智能化调度系统中的应用。制定调度系统 5G应用工作方案，明确调度控制技术路线及相关原则要求。

2. 通信建设方面

加快适应新型电力系统的电力通信基础设施建设，启动保底通信网建设，打造极端情况下的安全可靠通信通道，推动构建以“光纤通信网+无线公网”为主的现代化配网远程通信网及运行管理体系，适应海量新能源接入以及配网通信运行管控系统、全域物联网通信管理平台建设和应用需求。

3. 网络安全方面

开展物联设备管理平台等第三方市场主体系统遭受入侵等新攻击模式下的网络安全风险管控工作，掌握电力市场、虚拟电厂与可调节负荷、分布式新能源场站等新业务形态网络安全防护关键技术。

5.3.2 智能化调度系统基本建成阶段（2030年之前）

1. “源荷互动”的新型平衡体系更灵活高效

全面掌握南方区域新能源运行特性，新能源

功率预测水平达到世界领先水平。建设“风光水火储”“源网荷储”两个一体化多能互补机制试点，构建多能互补调度机制；建设最优电源结构试点、合理储能结构试点。建立适应源网荷储协同模式的日内计划滚动优化系统。建立负荷侧灵活性资源调度控制体系。

2. 安全立体防御体系更坚强可靠

构建以新能源为主体的新型电力系统安全稳定基础理论架构，并逐步应用至智能化调度系统中；提出新型电力系统下不同时间尺度实时仿真方法，智能辨识系统运行静态稳定、频率稳定、功角稳定风险及安全边界；针对新型电力系统运行特性，开展系统三道防线升级试点示范应用。

3. 数字化技术与智能技术广泛应用

建立电力系统的数字孪生，实现接入电力系统的新能源发电、可中断负荷、电动汽车等设备状态实时监测。智能化调度系统实现气象、安防等多渠道信息智能整合，实时向调度员提供辅助决策、运行方式优化建议，大部分调度操作实现人工监督下的自动实施。

附录

名词解释

1. 新能源

新能源是指利用太阳能、风力、生物质能、地热能和海洋能等发电的能源。

2. 分布式新能源

分布式新能源是指位于用户所在地附近，所生产的电能主要以用户自用和就地利用为主，多余电力送入当地配电网的新能源。

3. 分散式风电

分散式风电是指所产生电力可自用，也可上网且在配电系统平衡调节的风电。项目分散式风电接入电压等级应为 110kV 及以下，总容量不应超过 50MW。

4. 分布式光伏

分布式光伏是指在用户所在场地或附近建设

运行，以用户侧自发自用为主、多余电量上网且在配电网系统平衡调节为特征的光伏发电设施。

5. 户用光伏

户用光伏是指业主自建的户用自然人分布式光伏发电项目。

6. 大用户

大用户是指以 35kV 及以上电压等级接入电网的用电客户。

7. 增量配电网

增量配电网是指被国家相关部委确定为增量配电业务改革试点的 110kV 及以下电压等级电网和 220（330）kV 及以下电压等级工业园区（经济开发区）等局域电网，不涉及 220kV 及以上输电网。

8. 微电网

微电网是指由分布式电源、用电负荷、配电设施、监控和保护装置等组成的小型发配用电系统。微电网分为并网型和独立型，可实现自我控制和自治管理。并网型微电网通常与外部电网联网运行，且具备并离网切换与独立运行能力。

9. 储能系统

储能系统是指通过物理储能、电化学电池或电磁能量存储介质进行可循环电能存储、转换及释放的设备系统。